U0804927

A

SHORT HISTORY OF SPACEFLIGHT

航天简史

[普及版]

龚钴尔 著

天津出版传媒集团

天津科学技术出版社

图书在版编目(CIP)数据

航天简史 / 龚钴尔著. —天津：天津科学技术出版社，2012. 5

ISBN 978-7-5308-6994-9

Ⅰ. ①航… Ⅱ. ①龚… Ⅲ. ①航天-技术史-世界-普及读物 Ⅳ. ①V4-091

中国版本图书馆 CIP 数据核字(2012)第 086855 号

责任编辑：方 艳
责任印刷：张军利

天津出版传媒集团
天津科学技术出版社出版
出版人：蔡 颢
天津市西康路 35 号 邮编 300051
电话：(022)23332400(编辑部) 23332393(发行部)
网址：www.tjkjcbs.com.cn
新华书店经销
天津泰宇印务有限公司印刷

开本 710×1000 1/16 印张 16 字数 200 000
2012 年 11 月第 1 版第 2 次印刷
定价：39.80 元

序

这是一本妙趣横生的航天读物

董仁威

世界华人科普作家协会理事长

中国科普作家协会常务理事兼科学文艺委员会副主任

刚刚为中文作家龚钴尔的长篇科幻小说《雪城》（百花文艺出版社出版）作了推荐语，不几周，他又完成了一本新的航天读物——《航天简史》，用他在《别闹了，美国宇航局》中一以贯之的幽默风格，用《史记》的形式，叙述了整个人类太空的探索历史。

航天，是一个极有魅力的学科，内容常涉及天文、物理、生物、化学、生命、材料等科学和技术。航天，体现的是一个国家或组织的综合实力，几乎只有国家层面或超大财团才能玩得起。航天，也是一个关乎人类未来的重要事业，比如外太空探索、外星球移民、星际资源开发、防御小行星小彗星、寻找外星生命等等，说远也远，说近也近，对人类来讲都很重要，必要的准备要做的。所以，航天是一个很有科幻味道、发人深省的学科。

再现人类太空探索从无到有的历史，是一个纷繁复杂的过程，涉及世界主要航天国家历史、政治、经济、军事、人文、人物等，需要参阅很多资料，安排好全书的结构，核实各种历史起源、各项航天计划。分析出这些惊心动魄的航天计划在特定时期诞生、执行的历史背景，不是一件容易的事情。

而作为普及性读物，叙述得好看，让读者读着不辛苦，甚至兴奋起来，则需要一定的写作技巧。写小说出身的龚钴尔，充分展现了他擅于驾驭复杂历史和语言文字的能力。《航天简史》结构清晰，语言风趣，行文引人入胜。轻松处，读来令人欢笑；壮烈处，读来则令人动容。玩玩闹闹间，就把航天历史轻轻松松讲完了，读起来非常舒服。

作者在书中一些本纪和列传后，还很有创意地加上自己对航天事业的观察和思考，这很难得。比如，在讲到人类航天先驱康斯坦丁·齐奥尔科夫斯基时，作者引用形容孔子的诗句“天不生仲尼，万古如长夜”，形容齐奥尔科夫斯基对于人类现代航天事业的巨大启蒙作用。在讲述独裁者希特勒因为军事扩张目的而强势推进德国航天事业领先于全世界，最后又因纳粹的战败而彻底终结时，作者引用古文“一夫作难而七庙隳”“仁义不施而攻守之势异也”来形容……都是十分贴切、有趣的观察与总结。

龚钴尔这个“80后”作者，低调勤恳，笔耕不辍，一直摸索在文艺小说和航天科普两重领域，风格时而沉重，时而诙谐。如此跨界的两重风格，再现了他独特的叙述力量。

话不絮烦，让我们开启《航天简史》这次有趣的阅读之旅……

自序

寻找航天历史中的感动和趣味

龚钴尔

列位看官，你道此书从何而来？说起根由虽近荒唐，细按则深有趣味。待在下将此来历注明，方使阅者了然不惑。

原来1999年大荒山无稽崖下，有一弱冠青年，偶阅中国成功发射第一架宇宙飞船——“神舟”1号，欣然振奋，誓言欲做中国第一个宇航员……孰料，党中央早有人选，杨利伟抢先飞天……此人因见众人俱得航天，独自己无才，不堪入选，遂自怨自艾，日夜悲号惭愧。

不知过了几世几劫，此人自经锻炼之后，终入中国航天庙堂，始述航天往事、思英雄来者，先后著《别闹了，美国宇航局》、《遨游太空：星际探测》、小说《雪城》。一日，偶遇津门科技出版之翘楚，津津有道，欣然相约，撰此《航天简史》，愉悦读者。

然书中所记何事，又因何而撰是书哉？

作者自云：今风尘碌碌，一事无成，常观宇宙之大，独怆然而泣下。忽念及当年所有航天英雄，一一细推了去，觉其行止见识、胆略风骨，皆出一般人之上。实愧则有余、悔则无益之大无可奈何之日也。我之罪固不能免，然航天界本自历历有人，万不可因我之不能，则一并使其泯灭也。何不用平生所知，诙谐趣语，铺陈出一段故事来，以悦人之耳目哉？故编述一记，演列国航天传奇，以告普天下人。

航天飞行之梦想，乃静极思动，无中生有之数也。故此书开卷即云“先古航天英雄传说”，则可知作者本意为观宇宙之浩渺、述器物之飞翔、省人世之求索。太空探索中纵有奇人乐事，但不能永远依恃，况又有“美中不足，好事多磨”八个字紧相连属。瞬息间斗转星移、强弱转换。欢笑沸腾，惆怅感慨，皆引人深思。

此《航天简史》，一如《三国演义》之于《三国志》，内含一定程度演义，更因作者所学浅薄，航天工程又纷杂繁复，并不能对所有航天工程技术有深入理解，虽经增删修改核实，其间错漏仍不一而足，不建议学术参凭，拜请阅者谅解，切记之。

诗曰：

悲喜千般同幻渺，古今一梦尽飞翔。

谩言航天悲喜重，更有来者誓言长。

目录 Contents

第一章 先古航天英雄传说本纪

论及世界航天起源，很多严肃航天著作都会从苏联火箭鼻祖——齐奥尔科夫斯基谈起，这当然是专业上一贯正确的。然而，有些上古传说，折射了人类想飞的心理冲动，亦可作为航天人文趣事。当然，有些传说可与航空共享。

上古时期，物种灭绝速度还没今天这样快，经常在山野丛林狩猎采摘的古代人，有机会接触很多形态不同、本领各异的动物。比如，他们每天都能看到各种鸟儿在天空翱翔——这就让古人很羡慕，认为是很了不起的事情。

在古人看来，能拥有一对翅膀，意味着自由，意味着不饥饿，意味着安全和广阔的视野，意味着能随时逃跑……

后世的很多文艺创作，也莫不以飞鸟作为最诱人喻体。比如王家卫导演的电影《阿飞正传》开头就说："世界上有一种鸟是没有脚的，它只能一直飞呀飞，飞累了就在风里睡觉，这种鸟一辈子只能下地一次，那一次就是生命结束的时候……"

这样飞翔的句子令人动容，哄骗了很多具有原始纯朴心的女孩子，因为它触动了根植于人类内心深处、渴望突破束缚、渴望高空飞翔的原始冲动。这冲动是一直存在人类血液里的。

先民们对这些能飞的动物很崇拜。这些动物形象渐渐演变成后世很多民族的图腾。

比如，目前世界最大的科技强国——美国，就以"鹰"为图腾。

美国的很多航天计划或航天器也是以飞翔的动物为名，“阿波罗-11”号着陆月球的登月舱就是“鹰”号（Eagle）……

很多民族都有关于“飞”的神话传说，表达了人类一种强烈的想飞的诉求。这些神话在航空航天技术较为发达的今天，被回溯成一种原始的学科历史。

笔者借此书，新编如下，供参考愉悦。

插播：关于航空、航天、宇航、航宇、太空、空间等名词

在本书序言和第一章第一节中，很密集地出现了“航天”一词。鉴于很多人迷惑，笔者在此稍微注明一下。

在中国，很多普通人分不清“航空”和“航天”。“航天”是钱学森先生大约在20世纪80年代最早使用的，他依据航海、航空而造此词。简单而言，“航天”是指航行在大气层外，而“航空”则是指在大气层内航行。在“航天”一词诞生并被科技名词委员会统一之前，中国更频繁使用的是“宇航”“航宇”“星际航行”等词。由于中国语言中“天空”一词使用广泛，“天”和“空”几乎成了意思一样的字，因此很多中国人无法辨识“航空”和“航天”，认为它们是一个意思，实则差别巨大。

另外，被中国航天界规范使用、指代外太空意思的“空间”一词，也因为其含义过于宽泛、其他领域使用广泛，而屡被中国普通人难以理解。比如，一般人根本不知道“中国空间技术研究院”是搞航天的，还以为是搞建筑空间研究的呢。

笔者认为，“航天”“空间”这两个被科技名词委员会规范的、最基本的宇航词汇，非常有必要从语言学的角度再深入琢磨。迷惑了很多中国普通人数十年的名词，完全有必要进行优化。否则，对一门学科的传播极为不利。

本书叙述中暂时接受“航天”一词，但涉及“空间”一词的，基本用“太空”一词替代。请读者注意。

第一节　嫦娥奔月

在很久很久以前，中国有一个非常漂亮的女子，名字叫做嫦娥。至于她是谁家的闺女，家教如何，我们不得而知。但是从她后来悄然离家、滞留月球的举动，我们可以知道她品行——似乎并不怎么样。

在鲁迅先生的故事新编《奔月》中，嫦娥的故事被彻底现实化，再现了这个极为势利的女子。小说中讲到嫦娥的丈夫"大羿"，因为喜欢射箭，射箭本领超群（注：大羿的"箭"，日后成为中国航天运载火箭的商业品牌——"神箭"），娶得了貌美如花的嫦娥。

不过，没几年，这个射箭本领过于强大的大羿，便将周围25千米的飞禽走兽全部射干净了……这是一个悲惨的生态灾难。在大羿的神箭之下，生态环境失衡了。

用今天的话讲，大羿没有深入学习贯彻科学发展观，不讲究可持续发展，终于让自己和嫦娥的生活陷入了前所未有的困境，以致他最后只能给美丽的嫦娥做"乌鸦肉做的炸酱面"吃……

大羿牌"乌鸦肉炸酱面"，又酸又苦，天天这么吃，嫦娥难以下咽，再加上夫妻俩居住的尧都，房价奇高，按揭月供很困难，生活压力很大，嫦娥渐生离意。

在嫦娥看来，大羿年轻时虽然很帅，也有几段英雄传奇，满足了她有个好丈夫的虚荣，但光阴荏苒、日月如梭，英雄不能当饭吃。如今他秃了头，人也没有幽默感，打猎的本领也越来越不如从前，自己不太愿意再跟这个没用的家伙生活在一起……

大羿只得到25千米外的地方去打猎，常常要两三天才能回家一次。

不过，大羿即便是跑这么远，运气仍然不太好。鸟兽们都知道要离大羿远点。大羿再也打不回来他当年能猎到的猰貐、凿齿、九婴、大风、封

汉画像石上的“嫦娥奔月”，现存于河南南阳

豨、修蛇等大型动物……

于是，有一天傍晚，嫦娥独吞了大羿托关系、找门路得来的两颗神药，身体变轻，一路快速朝月亮飞去，留下悲伤的大羿，独居地球……而这神药，本来是准备两个人一人一颗，一块儿吃的。

这便是“嫦娥奔月”的故事。

所以，我们可以说，嫦娥是不堪现实生活压力，不堪“乌鸦肉杂酱面”而飞往月球的。这是嫦娥这个时尚女性的心愿和选择，我们也无可厚非。

不过，后来据说她在广寒宫很后悔，后悔之余，搞起了养殖业，开始饲养兔子，帮她捣药配药，希望能再返回地球。然而，她一直不能如愿。

而作为上古航天传说，我们很关心嫦娥吃的到底是什么“神药”。因为这“神药”就是后世的我们通过科学研究追求不止的“航天推进剂”。

在中国目前三大航天发射中心之一的酒泉卫星发射中心，就树立着一座“嫦娥奔月”的雕塑，以纪念这段传说。

第二节 大羿射日

除了“嫦娥奔月”，在中国航天界、天文界，“后羿射日”也被当做一个科学传说。在中国航天西昌卫星发射中心，就树立着“后羿射日”的雕塑，以示传承。

其实，说“后羿射日”可能不是很准确。

据一些史学家考证，射日的“羿”，很可能不是夏朝的“后羿”，而是前一个“羿”。这前一个“羿”应是帝尧时代名字叫“大羿”的人。夏朝的“后羿”，正是区别于前面的“羿”……

所以，有时候，人类不是能将历史很好传承的智者。历史的传承不是很稳固，期间更是常常被一些别有用心的人篡改。

“大羿射日”传说

本书将为"大羿"平反。

本书认为射日的应是大羿，本书讲的也将是"大羿射日"的故事。

传说，帝尧时代，可能遭遇了和今天一样的"全球变暖"危机。天上出现了极为罕见的"十个太阳"，把地面都快烤焦了，河流干涸，庄稼都不能生长。

怎么办？

毫无疑问，这个时候需要一个英雄站出来。

大羿射日

这个英雄就是"大羿"。

大羿是帝尧时代的善射者，英俊潇洒，相貌堂堂。这个年轻人臂力惊人、箭不离手，睡觉时也和弓箭一起。他的箭也具有无比的穿透力。

奉帝命，大羿搭弓射箭，干掉了九个太阳……地面恢复了往日的温度，社会和谐了。

大羿因此一夜成名，成为当时男女老少竞相追逐的偶像。不仅得到了嫦娥她妈的青睐，娶了嫦娥姑娘，还和最高层领导西王母建立了良好的私人关系，获赠了两颗可以长生不老的"神药"。

其实，关于天上有十个太阳，后来的气象学可以解释。这是一类称为"幻日"的大气发光现象，并不是特别罕见，比如有记载如下：

1986 年 12 月 19 日下午，河南郑州的天空上，赫然出现一字排列的 3 个"太阳"；

1988 年 1 月 27 日，河南漯河市的人们发现，天空中 5 个太阳串成"糖葫芦"；

1956 年夏天，四川峨眉山顶，7 个太阳环绕天空而出；

1866 年 4 月，乌克兰八日并出；

1971 年 5 月 5 日，小兴安岭十日并出……

所以说，从科学的角度讲，天上完全可以出现十个太阳，甚至更多个太阳都有可能。因为大气中的一些冰晶，经过反射、折射，造成了这一现象。

不过，在当时的原始社会，“十日并出”，很吓人，挺讨厌。至于大羿是不是驱散了这种气象现象，我们无法确切地知道。

当世上没有了威胁，大羿的作用就可有可无了。英雄暮年，大羿只能靠打猎为生。

这就回到了本书第一章第一节“嫦娥奔月”的传说，大羿每天奔波，射光了周围25千米的所有飞禽走兽，像麻雀这样的小飞禽，常常被他射得粉碎，吃都不够嚼一口的。

之后的事情，大家都知道了，大羿倒霉了。

总之，上古时代，“大羿”以及他那不咋地的妻子“嫦娥”组成的帝尧时代“五好家庭”，为中国航天的人文传说作出了卓越贡献。

我们不能忘了这个英雄。

第三节　西方航天传奇

欧洲的科学源自古希腊。

在古希腊时期，人们的学术探讨比较自由，任何人都可以对宇宙起源与天地结构发表议论。

公元前5世纪，毕达哥拉斯就认为地球及其他行星共同绕一团火运行。公元前3世纪，亚里士多德认为地球是球体，坚持地球中心说，认为地球是宇宙的中心。

而到了希腊后期，著名学者普鲁塔克（Plutach），很看不起“地心说”。为了嘲讽这个学说，他竟然不小心说出了后世天文学家才能有的真知灼见。普鲁塔克反诘道，由于宇宙是无限的、无边的，无法确定一个中心，因此也就不存在中心说，怎么能确定地球是这个中心？

希腊后期，著名学者普鲁塔克(Plutach)，很看不起“地心说”

此外，普鲁塔克还认为月球就是第二个地球，只是比地球小罢了，他甚至认为月球也有智慧生命……这种认识真是深刻。

总之，希腊人极富幻想，对宇宙的早期认识，也算相对靠谱。希腊神话和传说中更有不少有关航空航天飞行的故事。这些故事所说的都是天上众神，他们住在奥林匹斯山上，但是他们上山下山并不是靠脚爬，而是各显神通：有的靠“翅膀”直接飞向人间，有的乘坐“战车”，有的要抓牢“飞鹰”，有的则靠“飞鞋”……总之众神的飞行本领，让后来的西方人非常羡慕和神往。若追述的话，这就是西方航空航天的一个源头。

在希腊和罗马神话中，有一个飞行的故事最为著名，就是“官二代”法厄同（Phaeton）驾驶“阿波罗”战车飞行的故事。

在希腊和罗马神话中“阿波罗”是最有名的神，也是最受崇敬、最有影响的神，他掌管太阳和光明，因而被称为“太阳神”。日后，美国无比雄伟的登月计划也正是以“阿波罗”来命名的。此外，“阿波罗”还掌管司法、宗教、医疗和音乐等，可谓权倾宇内。传说，他每天都要驾驶“日车”绕地球一周，给地球带去光明。

法厄同，是阿波罗和女神克吕墨涅的儿子。有一天，他看他老爸驾驶“日车”很威风，自己也要尝试。

阿波罗开始不答应：“你小子还没驾照呢！这车可不是一般人能开的，就连‘宙斯’那大兄弟，都开不了！”

作为娇生惯养的官二代，法厄同哪里服气，再三央求。

他老爸阿波罗很无奈，只好答应让他驾驶试试。

阿波罗神殿

果然，法厄同根本不会驾驶这辆“日车”。他刚一上车，“日车”在神马的带动下，狂飞起来，横冲直撞……忽高忽低，时而上达九霄天穹，时而要撞向地面。

传说，在日车靠近地面时，山巅着火，田野被烤焦，植物枯萎，城市被毁灭，人被烧死……埃塞俄比亚的人之所以那么黑，就是因为他们被这次的官二代闯祸给晒黑了。

最高天神宙斯，知道法厄同这个官二代闯祸后，决定严惩。任凭法厄同高呼“我爸是李刚”，也没有用。宙斯释放一个霹雳，干掉了法厄同，世界回归和谐……

这个故事，展现的是一辆能飞行的“日车”，带着火焰，很像今天的火箭发射时喷火燃烧的场景。

受希腊罗马神话的影响，希腊诡辩家和讽刺作家卢奇安（Lucian）写

希腊诡辩家和讽刺作家卢奇安(Lucian)

了两个关于月球旅行的幻想故事。

故事讲述了一伙冒险家，在大西洋上航行，结果遭遇飓风，全被吹到天上。之后，他们降落在一片陌生的地方，被一群三头巨鸟抓住。

巨鸟带他们去见国王，冒险家们才知道，他们竟然来到了月球！而这月球正在与法厄同（又是这个嚣张的“官二代”）领导的太阳和太阳国打仗。月球国王还把金星当做一个驻兵基地。

不过，月球人根本打不过太阳人。在付出了极大的牺牲、鲜血染红了地球上的云彩后，月球人失败，被迫和太阳人签署合约……这个故事简直就是古代版的星球大战。

卢奇安编撰的这些故事，对后来西方的科幻小说家，甚至科学家，都产生了极大影响。他也被看做科幻小说的开创者。后来的开普勒、歌德温、切拉诺·德·贝尔热辣、拉伯雷、伏尔泰、斯威夫特等人，都受到卢奇安的直接影响，创作了更多影响甚大的太空飞行科幻作品。

这些故事情节，从人类心理情愫上，有力地促进了人类对太空飞行的渴望。

第四节　火药火箭的诞生

随着时间流逝，到中国隋唐时代，人类最伟大的发明——火药出现了。

火药的发明，是人类航天史上具有实实在在意义的重大事件，不亚于20世纪60年代末的“阿波罗”登月。

这是中华民族对世界的极其重大的贡献，是其他民族无法媲美的。

黑色火药

其多方面的重要意义在很多古今中外的书中都有论述，笔者不重复赘述，只是单就火药对航天事业的促进讲一讲。

其实，从上几节的描述中，我们看到远古航天史中，从“大羿射日”到“列子御风”，人类航天飞行的梦想渐渐步入了一种“从无到无”的神经病状态。

无数的后代神仙术士，认为嫦娥能“奔月”，列子能“御风”，全靠一种“神药”……他们走上了歧途。这个歧途甚至毁了中国的科学技术进步。

这帮神仙术士，懒得挖掘鲁班、张衡等人的机械飞行原理，反而将目光聚焦到虚无缥渺、长生不老的“神药”上。

到底有没有这种神药呢？

古代术士们对这事儿很执著，几乎不怀疑！

这到底是什么神药呢？

古代术士们选择“自己动手，丰衣足食”。他们开始尝试炼制丹药。用各种看上去极为奇异的物料，炼制传说中的丹药。

后来，我们就都知道了。他们不仅把朱砂（含剧毒物质水银）当药，害死了几十个皇帝，拿人家当小白鼠，搞得人家后宫很不幸，还多次引发重大火灾。比如，秦始皇的暴毙，可能就是这种“神药”导致的。据统计，单单唐朝就有至少五位皇帝命丧“神药”，清朝的雍正皇帝，据说也是死于类似的这种丹药……

炼丹术士们屡败屡战，尝试了很多种不同的物质组合，最终，他们不小心搞出了能急速燃烧甚至爆炸的“火药”——人类历史就此翻开了全然不同的一页。

明朝的宋应星在《天工开物·火药》中说："火药以硝石硫黄为主，草木灰为辅。硝性至阴，硫性至阳，阴阳两神物相遇于无隙可容之中，其出也，人物膺之，魂散惊而魄齑粉。"

显然，他们当年都不明白火药是怎么回事，惊奇于这东西是"阴阳两神物相遇"。

由于火药具有强烈的爆炸燃烧特性，因此很快被用到军事战备和歌功颂德上。无数的火箭火枪出现了，皇宫庆典上，也开始使用这种神奇的东西。

庆典上的烟花且不必说，单说火药被包在纸里，制成能单方向强烈喷射的推进装置，就极大地启发了后世的航天动力思考者。

中国古代的火药火箭

火箭的发明，其实也是偶然的。最初的火药被包在纸包里，当做爆竹来释放，增加节日气氛，但是由于一些爆竹爆炸不起来，反而"哧哧"喷火，到处乱飞……这就无意间启发了"火箭"的制造者。

民间艺人将这种尾部留有小喷口的爆竹，绑在麦秸上，点燃引线，哧溜溜一声，这种好玩的东西便飞上高空。

很快，古代军事专家们经过不断改进，用火药制成了很能吓唬和迷惑敌人的"军用火箭"，由此诞生了中国航天史上最重要的名词——火箭。我们今天都在用这个词。

绑着火药的火箭，喷着烟火、发出刺耳的声响，呼啸着刺向敌方，确实很有威慑力。美国的国歌《星条旗永不落》中甚至也有"火箭闪着红光"（the rocket's red glare）的歌词，足见"火箭"对后世的巨大影响。

这种古代火箭的发明，极大地推动了军事的进步，却让炼丹术士们极为懊恼悔恨。

中国的术士们认为他们发明了一种很不幸的杀人武器，这不是他们的初衷，亦如后来的核物理科学家发明原子弹之后的懊恼一样。

所以，自唐宋之后，痛定思痛，很多术士（不是全部哦）基本不再炼制丹药，而转向了心灵层面的追求。

当年的术士们很生气：“老子们再也不炼引火烧身、杀人于无形的神药啦！”这直接导致了后来比如“程朱道学”（程朱理学）的产生，道学家们开始追求“正心诚意”……

不过，火药发明之后，因为火药而殒命的人，也确实一个世纪比一个世纪多。20世纪两次世界大战更是达到巅峰，估计数以千万计的人直接死于火药——当然，这个概念包括各种材料制造的烈性炸药。

说到这，火药火箭发明之后，有几个有趣的神话或魔幻现象不得不提，也跟火药、航天情愫有关系。

在西方的魔幻传说中，扫把或拖把，也具有独特的飞行能力，无数的巫婆都喜欢借助它飞来飞去。著名的小说、电影《哈利·波特》中，魔法师们也是如此，视飞行扫把如生命。

这种神奇的联系，可能就跟古中国火箭有关系，因为扫把的下端极像一枚喷射中的火箭。否则，很难解释，传说的编撰者们为什么不让魔法师们骑着板凳或棍子飞。

看今天的航天发射，宇航员搭乘火箭，是不是很像骑在一枚巨大的扫把上？

“阿波罗”10号发射

另外，中国的古代神话传说，特别是火药发明之后的神话传说中，也都有“腾云驾雾”的描述。这可能也是一种对古代火箭的心理借用。这种借用很像一种预言。

在我们今天，火箭点火时，航天器总是在一大片“云雾”中腾飞……

即使再怎么魔幻、神话，总还是想借用一点物理学上的反作用力原理。产生这反作用力的最佳物质，还是中国人发明的火药。

“飞天扫把”“腾云驾雾”应该都是一种利用喷射物质，实现航天发射的有趣预言。这种神化了的物理学原理，直到科学家牛顿出现，才有了科学的解释，那就是作用力和反作用力。

第五节　万户飞天

古代封建社会的中国人常常是顽固保守的，缺少冒险精神，但并不是所有人都是这样。“万户飞天”就是一个敢于尝试的冒险家故事，非常另类，非常神奇。

非常遗憾的是，这个最神奇、最早的航天故事，在中国现存古籍中暂时还没找到记载。

最早记载“万户飞天”的是美国火箭学家赫伯特·S·基姆（Herbert.S. Zim）。他在 1945 年出版的《火箭和喷气发动机》（Rockets and Jets）一书中提到“约 14 世纪末，有一位中国的官吏叫万户，他在一把座椅的背后，装上 47 枚当时可能买到的最大火箭。他把自己捆绑在椅子的前边，两只手各拿一个大风筝。然后叫他的仆人同时点燃 47 枚大火箭，其目的是想借火箭向前推进的力量，加上风筝上升的力量飞向前方。”不过，后来，绑着火箭的椅子爆炸了，万户身死……

赫伯特·S·基姆在书中并没有提到“万户飞天”这个传说的来源。我们也无法知道这事到底是真是假。甚至，我们都不能判断这里的“万户”

明朝的“万户飞天”传说是世界最早的宇航故事

究竟是一个人名，还是“粪土当年万户侯”中的官职。

很多历史学家推测，“万户飞天”可能确有其事，但是记载“万户飞天”传说的书籍，可能在英法联军火烧圆明园时被毁掉，或者被抢到海外。

笔者倒认为“万户飞天”是一种情愫，植根于每一个爱好航天的人心底。这种方式的飞天场面，或大或小，很可能发生了很多次，下一节的叙述中大家都能找到这种传说的影子。另外，在笔者这个航天爱好者少年时代的心中，类似的靠火药飞天的设想，曾无数次的盘旋。记得笔者曾经就有这样的事，经常剥开爆竹，搜集火药，伺机制造个火药火箭。当年，笔者第一次听说“万户飞天”这个传说时，甚至还非常感慨，天哪，我和万户的想法竟然这么相似……

所以，爱好航天的赫伯特·S·基姆不一定确确实实看到了那本记载“万户飞天”的中国古书籍。这个故事可能是他心底里存在的幻想。为了推广他的书，他的航天事业，他小小地虚构了一把。

他把这个宇航故事写出来，理所当然地安到了发明火药的中国人身上，告诫美国人：瞧，人家中国人在明朝就有想航天的人啦，美国怎么着也不能落后……从此以后的美国科技史看，我们都知道，美国人有强烈的忧患意识。而近现代中国，全面落后，百废待兴，也正迫切需要这么一位古代宇航先驱，证明“祖上很阔”，中国人可以站起来……一拍即合，多方共赢。

如今，“万户飞天”的传说已经深入人心，甚至在中国元素浓厚的好莱坞动画电影《功夫熊猫》中，也有类似“万户飞天”的场景：熊猫“阿宝”想翻墙看“盖世五侠”比武，怎么都看不到，最后它把一堆火箭绑到椅子上，点燃了火箭，椅子腾空而起，飞上天空，顺利看到了“盖世五侠”的比试。最后，它歪打正着，成了拯救世界的“龙武士”……这是对中国“万户飞天”传说的一个细节映射。

所以，笔者认为“万户飞天”应该是源自心理的航天传奇，源自每一个想飞的人的心底。

这个传说的神奇之处在于，它一旦被编撰出来，所有人都能心安理得地接受。

时至今日，很多中国的航天纪念馆、天文馆、航天书籍，都愿意把这个故事历史化、正统化、普及化。

“阿波罗”11号发射，它们将第一个登月

1969年7月16日，也就是美国“阿波罗”11号登月飞船发射那天，月球上一座环形山，被命名为“万户”……

第六节　开普勒的登月设想

开普勒1610年画像

没错，这里的开普勒，就是大名鼎鼎的德国天文学家约翰内斯·开普勒（Johannes Kepler）。

他不仅提出了行星运动三定律，研制出开普勒光学望远镜，还在业余时间写作了人类近代第一部太空飞行科幻小说——《梦想》。

当时的人们开始用新的眼光看待宇宙，认为太阳是宇宙的中心，一切天体都围绕太阳运行，地球只不过是一颗与金星、火星等相似的普通行星……这么认为的话，人们会不可避免地思考这样的问题——金星、火星上有没有类似地球的人类呢？月球上有没有“月球人”呢？

这种认识越来越浓烈，但当时的人类科学技术，无法跨越如此遥远的距离，登上这些星球，探个究竟。

于是，开普勒这样的天文学家，就开始用幻想小说的形式，带大家走进这些星球。另外，他用科幻小说的形式表达一些天文观点，也可以避免招致攻击，当时对待新天文观点的环境并不是很宽松。

《梦想》主要讲述一个冰岛的青年人杜拉克图斯，外出求学，师从大天文学家第谷，知道很多天文学知识，也知道了月球的情况。

几年后，杜拉克图斯返回家乡，准备凭借这些知识参加当地的“公务员招考”，谋个一官半职。当然，他也见到了他的母亲。再次见到母亲，他很高兴，但也十分惊讶，因为以采草药为生的母亲，知道的月球知识竟然比学成归来的他还多。

他母亲对他说："你小子总以为知识在远方，本地的姜不辣，要出国留学，殊不知在家里、在自己的国家，也能学到这些知识！"

杜拉克图斯很不解。

他母亲继续说："其实，在我们周围有很多聪明的精灵，其中有九个非常聪明的精灵。我跟他们很熟。我的知识都是他们中的一个教授教的……"

杜拉克图斯很惊奇，让母亲召唤那精灵出来。

他母亲在新月时召唤了精灵。

那精灵说了一段令全世界的胖子很不舒服的话：

"在遥远的天空，有一个叫'勒瓦尼亚（即月球）'的岛，从这儿去那里或从那儿到这里的路很少打开，把人送上去很困难，有极大的危险。我们不能带一些过于肥胖的人去。只有那些经常驾船出海的人才是合适的……这段路，要耗费4个小时，只能在月蚀时才能去，满月时不行，去的机会稍纵即逝……"

从这段话里，我们不难看出，精灵的这个描述，很像我们今天往月球发射航天器，很像后来美国的"阿波罗"登月。首先，宇航员不能太胖，因为飞船空间有限；其次，发射登月飞船，是有发射时间窗口的，这个时间必须得掌握准，否则稍纵即逝……

很神奇吧？

与开普勒同时期的科幻小说还有《月中人》，作者是英国主教、历史学家歌德温（F.Godwin）。

《月中人》这部小说描述了英雄多明戈·冈萨雷斯坐在一把椅子上，由25只经过训练的野天鹅携带登上月球。冈萨雷斯见到了很多奇异的月球人，最后他以同样的方式返回地球，可由于导航出现偏差降落在了"中国"的土地上……

瞧见没？这个故事酷似中国明朝的"万户飞天"，只是万户用的是火

“阿波罗”11号拍摄的地球

药火箭，冈萨雷斯的是野天鹅！这是很有趣的。人类历史发展到一定程度，知识积累到一定程度，总有一些类似的传说开始流传。也许它们之间有关联，也许毫无关联。

1638年，英国另一位主教、医生、英国皇家学会创始人和第一任秘书威尔金斯，也出版了一本关于月球旅行的书——《月球世界上的发现》。

在这本书中，作者以当时天文学和物理学为基础，推测了月球的情景。不过，遗憾的是，他接受了当时流行的错误观点，认为月球旅行的主要问题是怎样把旅行者送到月球与地球之间——他认为这个地点很关键。

他认为这个点，大约就在地球稠密大气层之外70千米处。人一旦到了这个地点，太空旅行将非常容易，而且人也不会感到饥饿……

看来，那个时代，填饱肚子、解除饥饿真是头等大事。

第七节 贝尔热辣的登月幻想

进入17世纪，太空幻想小说进入黄金时代。出现了很多和航天有关系的幻想小说。

这其中最有趣、最夸张的当属切拉诺·德·贝尔热辣（Cyrano de Bergerac）创作的《月球之旅》。

切拉诺·德·贝尔热辣创作了《月球之旅》

切拉诺·德·贝尔热辣是一位才子、作家、冒险家和剑客。在切拉诺的《月球之旅》中，他以有趣和貌似科学的构想，幻想了种种太空飞行的办法。他曾幻想用磁铁的吸引力，实现升空。具体办法是脚上绑上磁铁，然后用手将另一块大磁铁扔上天空。受天上磁铁的吸引，整个人就被吸上去了。之后，再将大磁铁拿下来，再扔上天空，再被吸上去……如此反复，他认为就可以一直飞上月球。

他还设想，周身绑上很多小瓶子，小瓶子中装满露水。在太阳的暴晒下，露水迅速蒸发，形成厚厚的云，进而把整个人浮起来。他还像模像样想到装露水的瓶子太多，他飞得太高，他只好打碎一些瓶子……瞧，这个设想，是不是跟中国神仙们“腾云驾雾”有一拼？

贝尔热辣还根据古人的传说，说月球喜欢吸收动物的骨髓，于是全身涂满骨髓，以吸引月球对他的作用力，就像割破手指，流出鲜血，准备吸引鲨鱼一样。

……

在幻想的国度里，贝尔热辣不满足于飞临月球，他还写作了《太阳之旅》，狂妄地设想登临太阳的国度。

除了切拉诺，还有法国学者丰特奈尔（B.de Fontenelle）的《关于多重世界的谈话》、加布里埃尔·丹尼尔（G.Daniel）的《到笛卡尔的世界旅行》、戴维·罗森（D.Russen）的《月球之旅》、丹尼尔·多佛（D.dover）等等幻想太空飞行的作品。

人类太空探索的故事，开始密集了。

第八节　凡尔纳的登月小说

19 世纪开始不久，伴随着科学的新发现和技术的不断进步，太空幻想作品出现了比较靠谱的描述。

1827 年，美国弗吉尼亚大学的乔治·图克尔（G.Tucker）发表了《月球旅行……》。这部作品谈到了一种反引力材料，并利用它制造飞船。反引力在今天看上去都难实现，但是至少，有靠谱的科幻作家，提到了“引力”这个词，越来越接近今天的航天推进最大的难题了。

之后还有很多作家，也都写了不少幻想太空飞行的小说，越来越绘声绘色。其中以儒勒·凡尔纳（J.Verne）的《从地球到月球》影响最大。

儒勒·凡尔纳

《从地球到月球》是近现代太空科幻小说的代表作。为了写好这部小说，凡尔纳研究并向学者们请教了许多数学、物理学和天文学问题。他在小说中涉及的宇宙飞船和发射装置，都经过了严格的数学计算。正如他本人所说的，凡尔纳的科幻小说完全是站在已有的科学知识基础上，大胆预测未来。

故事讲述了美国南北战争结束后，“巴尔

的摩城大炮俱乐部”（这是大炮发明家的俱乐部）主席巴比康，提议向月球发射一颗炮弹，建立地球与月球之间的联系。法国冒险家米歇尔·阿尔当获悉这一消息后建议造一颗空心炮弹，他准备乘这颗炮弹到月球去探险。巴比康、米歇尔·阿尔当和尼切尔船长克服了种种困难，终于乘这颗叫做“哥伦比亚”的炮弹出发了。但是他们没有到达目的地，炮弹并没有在月球上着陆，却在离月球 4 505 千米的地方绕月运行……

这部小说出版后，立即风行世界。许多人出于担心小说中宇航员的安危，要求凡尔纳另作继篇。

1870 年凡尔纳发表了小说的续集《环绕月球》，描述了三位宇航员最后回到地球，溅落在太平洋里，三位宇航员乘坐的密封舱被美国海军捞起，故事结局皆大欢喜。

凡尔纳的这部小说产生了深刻的影响。许多火箭和航天先驱都受到这部小说的启发和激励。比如，德国航天之父奥伯特和法利尔很认真地研究了凡尔纳构想的火炮，以及用这种装置发射飞船的可能性。

凡尔纳以丰富的想象力和严密的科学态度，正确预言了许多航天活动基本状况。比如，火箭发射场、飞船密封舱、失重、火箭变轨道飞行、制动火箭、海上溅落……

这些预言都同现在的航天有惊人的吻合。凡尔纳还把发射场选在美国佛罗里达州的南端，没想到这里以后真的成为美国主要的航天发射场——美国宇航局肯尼迪航天中心，美国的探月、登月的发射场，就坐落在那里。

第九节　威尔斯的航天科幻

19 世纪后半叶和 20 世纪初，还有一位著名的科幻小说家 H.G.威尔斯（Herbert George Wells），他先后发表了《世界之战》和《第一批登月人》等太空科幻小说，也产生了巨大的影响。

《世界之战》讲述了一次火星人侵犯地球的故事。它讲述火星人乘坐的一艘飞船由巨型大炮发射到地球上，这些野蛮的外星人，凭借先进的武器，在很短的时间就把地球人打得落花流水。

就在地球人绝望无助之际，火星人却一个个倒地毙命了。原来地球上比比皆是的细菌、病毒，挽救了人类，“打败”了火星人。人类经过长期的进化，对细菌和病毒已经有了免疫力，而火星人没有，他们虽然战胜了地球人，但抵御不住地球微生物的袭击，最终落得失败的下场。地球也恢复了往日的和平……

火星表面照片

这个小说很有天文学发展的新背景。在当时的望远镜里，火星表面一览无余。据意大利天文学家斯基帕雷利说，上面有很多奇怪的直线，那么这些直线是什么呢？1877年，斯基帕雷利宣布火星上的直线是“水道”。

没想到，仅仅是“水道”，就把大洋彼岸美国的帕西瓦尔·洛威尔激动坏了。洛威尔是个狂热的天文发烧友，他在亚利桑那州建了一座天文台，曾努力寻找过冥王星，所有有鼻子有眼关于火星上存在生命的传言都源自那里。

不知是有意还是无意，洛威尔添油加醋，把意大利文“水道”翻译成了英文的“运河”——运河可是了不得的名词，含有人工的意味。当时地球上著名的苏伊士运河刚刚开通没几年，就给欧洲人以巨大影响……火星运河，天哪！这似乎说明火星上有智慧生命，只有智慧生命才会开凿运河。

一段时间内，洛威尔每天晚上都要与火星深情对视很久，他仿佛看到了布满火星全球的灌溉网，勤劳、善良、智慧、勇敢的火星人，正把火星极冠上的冰雪融水，源源不断地输送到火星赤道缺水区，而火星的颜色变化则是火星植物一岁一枯荣的证据……

不过，自然进化论的发现者A·R·华莱士则毫不留情地打击洛威尔的假想：

> 在（火星人）解决缺水的计划中，如果借助运河，穿过洛威尔先生所说的烈日炎炎下的火星沙漠，穿过赤道到达另一个半球，那么这个计划将是一群疯子的行为，不会是智慧生命会干的。完全可以断言，这样的运河流不出150千米就会干涸。

华莱士说得很对，只有笨蛋才会在干燥的火星上修筑露天的长途运河，但是华莱士等人反对火星有生命的话还不能撼动“火星运河”的设想，它一旦产生就如《圣经》创世说一样迷人，至今仍然广为流传。这也说明了一个问题，那就是古怪花哨的语言更容易在地球人中间流传。

这种传言增加了小说《世界之战》的可信度。小说一开始便是让你无法挪开视线、不得不思考的哲思性语言：

> 直到19世纪后期还没有人相信，我们这个世界正被像人一样而又远比人聪明的智慧生命，以浓厚的兴趣观察着。也没有人会相信，当我们各自忙碌时，我们正被研究着，就像我们用一架显微镜观察一滴水中朝生暮死的细菌一样。人们为了区区小事，趾高气扬地在地球上忙碌，为占有物质而心满意足。这与显微镜下的细菌又有何异同……那些智慧生命智力发达，感情冷漠，正以嫉妒的眼光窥视地球，稳步地制订着进攻我们的计划。

小说的开场白至今令我们不寒而栗，而威尔斯描述的火星人更是可怕。1938年，该小说被改编成广播剧，把火星人入侵的故事从英格兰改编到美国东部，成千上万的美国人信以为真，以为火星人真的进攻地球了。而2005年根据该小说改编的科幻电影《世界之战》，更是把地球变成了外星侵略者的屠宰场。

威尔斯的另一部小说《第一批登月人》则讲述科学家凯沃，研制了一种可以摆脱万有引力的“飞球”，和朋友贝德福一起乘坐飞球前往月球。飞球被迅速生长的月球植物遮蔽，两人分头寻找。凯沃不幸被月球人追击抓获。后来，贝德福找到飞球返回地球。凯沃永远地留在了月球上……威尔斯在小说中，对宇航中必然会遇到的失重、软着陆和飞船在海面溅落等一系列技术问题作出了正确的预见。

威尔斯写小说和凡尔纳的风格相反，不太注重科学依据，而是偏重于文学虚构和想象。他注重表达、关注社会问题，这应该与他是一个历史学家有很大关系。

威尔斯的小说，对航天先驱的巨大影响不亚于凡尔纳，美国火箭之父罗伯特·戈达德，就特别受到了威尔斯的影响。

第二章 近代“航天四侠”列传

中国唐宋时期发明的火药和火箭，给了宇航先驱很大的启发，然而唐宋之后，中国人并没有太多心思将这种足以推进人类爆发式前进的“推进剂”应用在节日庆典之外的领域。

这是极大的遗憾。中国继续在封建专制中轮回，除了美国传说中国明朝有一个名字叫“万户”或者爵位名是“万户”的人，用一把绑了火箭的椅子，尝试飞上天空，之后几无传说。

然而，与近代中国持续没落不同，西方科学技术正突飞猛进。与航天相关的科幻小说，也开始流行，很多人都想到太空飞那么一遭……

那时候，军事学家们（当然也有一部分科技人员啦）痴迷于火药，研制出了大炮，渐渐取代了威吓效果比实用效果差很多的火药火箭。后来，大炮的功能越来越强，政治人物们都很喜欢这东西。火炮，渐渐成为资本主义国家征服世界的利器。中国就是被西方列强先进的坚船利炮敲开的大门嘛。

大炮，如此受到青睐，发展迅速——以致从航天史的角度上说，甚至严重制约了现代航天学中火箭的发展。有点悲催。

不靠谱的科幻作家和其他一些人，幻想通过大炮实现航天飞行。比如，电影史上根据儒勒·凡尔纳的小说《从地球到月球》和威尔斯的小说《第一批登月人》改编、最早的一部科幻片《月球旅行记》，讲述了一群天文学家乘坐炮弹到月球探险的情景。其中，虽然包括“科学大会”“制造炮弹”“月球登陆”“探险者之梦”“与月球人搏斗”“海底遇险”和“凯旋而归”等情节，但选错了航天器是最大的构想错误……

毫无疑问，这些情节构思不是很靠谱。

首先，即使用今天世界上最先进的火炮，也不能把炮弹打到外太空，因为速度不够，达不到第一宇宙速度。炮弹的出膛速度一般也就 2 千米/秒、3 千米/秒，之后失去动力，在空气阻力作用下就慢了下来，而第一宇宙速度要求航天器必须至少以 7.9 千米/秒，才能飞上太空。炮弹，根本做不到。

其次，炮弹和火箭完全不一样。炮弹一开始速度最高（当然，也没高出第一宇宙速度），之后就慢下来了。人要是坐在巨型炮弹里，突然被加速到 2 千米/秒、3 千米/秒，整个人就碎了。靠炮弹，飞上太空，很要命的。而火箭就不同了，火箭刚开始发射速度很慢，逐渐加速，人是可以承受的。

推翻炮弹做航天器构思的历史重任，就交给后来的航天启蒙科学家了。

时间演进到 19 世纪末 20 世纪初，科技中心早已由古代中国转向了近现代欧洲，航天史上著名的“航天四侠”应运而生了……他们四人的出现，标志着靠谱的航天时代即将到来。

这个时期，是苏联齐奥尔科夫斯基、美国戈达德、德国奥伯特、法国贝尔特利的时代，他们一直被他们各自的国家供奉为“现代火箭之父”，很像武侠小说中的“东邪”“西毒”“南帝”“北丐”，极大地促进了科学的航天时代来临。

第一节　康斯坦丁·齐奥尔科夫斯基列传

1857 年 9 月 17 日，出生于俄国的“东邪”康斯坦丁·埃杜阿尔多维奇·齐奥尔科夫斯基（Konstantin Eduardovitch Tsiolkovsky，1857—1935 年），他多方面的梦想和努力，助推了整个人类的航天事业，实现了很多令人惊奇的预见，是世界航天史公认的航天学、火箭理论先驱。

齐奥尔科夫斯基

如同大家今天看到的，从冷战到今天，美国和苏联（俄罗斯）在太空竞赛中制造了令人应接不暇的航天成就。这些惊世成就包括：1957年的人类第一颗人造地球卫星、1961年的人类第一位宇航员，1969年美国载人登月，1981年美国发射航天飞机，1986年苏联发射“和平”号太空站（Mir Space Station），1998年美国、俄罗斯等共同组建“国际太空站”（International Space Station，简称ISS）……这一切成就的根儿就在齐奥尔科夫斯基这儿。

齐奥尔科夫斯基10岁时因患猩红热而失去听力，念完小学三年级就被迫辍学了。两年后母亲去世，他只好在家自学。16岁时，他只身到莫斯科闯荡，但由于耳聋，又无中学毕业的文凭，无法进入大学。1878年，由于年老多病的父亲退休，经济上更加困难，齐奥尔科夫斯基回到家乡莫斯科南部卡卢加郊外，考取了中学教师资格，担任中学数学教师，到1920年退休。他一生中的大部分时间都是在那里度过的。

齐奥尔科夫斯基10岁时因患猩红热而失去听力

在中学教学之余，齐奥尔科夫斯基醉心于各种科学研究和计算。他的思路异想天开，想象力极为丰富、细致。时至今日，他的很多设想都得到了精准的验证。

他曾尝试发明一艘特殊的金属气球（飞艇），并撰写了《气艇的理论和实践》，在科学界引起了强烈的反响。除了飞艇，他还研究过航空飞行器。他的计算甚至取得了和美国莱特兄弟同样的结果。尤为令人惊叹的是，在蒸汽机统治动力的时代，他就大胆地预见到内燃机可以作为未来飞机的引擎，并对这种远景充满了自信。在工作日志中，齐奥尔科夫斯基这样写道：“我确信在不久的将来，设计师们就可以制造出非常轻而且功率又很大以汽油为燃料的高效发动机，它们完全符合飞行任务的要求。”在飞机设计中，他甚至还考虑到减轻驾驶员的疲劳，安装能自动调节航向的陀螺仪，这就为现代飞机中自动驾驶仪的设计奠定了基础。

当时沙皇俄国政治、经济形势恶化，老旧的体制不支持齐奥尔科夫斯基尝试、实现他的诸多设想。穷困的齐奥尔科夫斯基只能继续他非常准确、非常有预见力的“空想”。他开始朝航天方向转向。

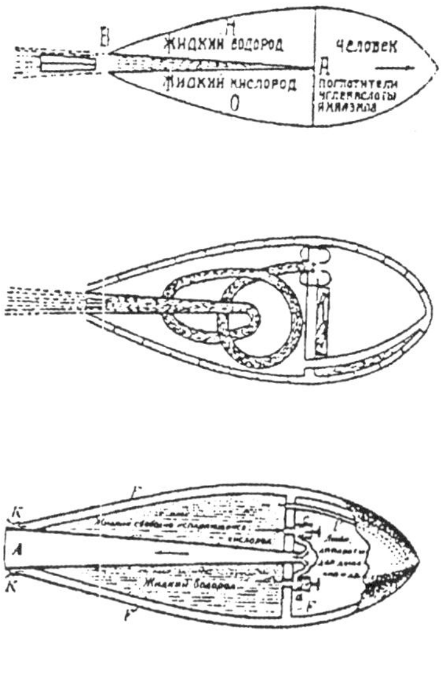

齐奥尔科夫斯基设计的宇宙飞船

1883年他写成了《自由空间》，首次指出利用反作用装置作为外太空旅行工具的可能性。他断定在地球之外会受到“失重”的考验，只有火箭能在太空中飞行，并描述了火箭发动机的原理。

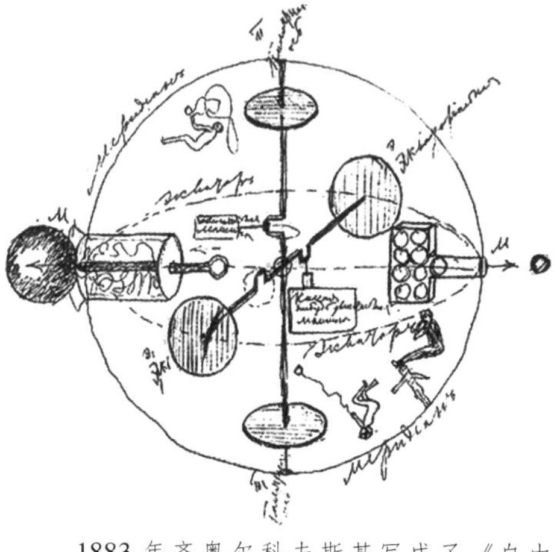

1883年齐奥尔科夫斯基写成了《自由空间》，首次指出利用反作用装置作外太空旅行工具的可能性

当时，依然有很多人幻想大炮和炮弹能帮助人类实现太空飞行梦想，比如儒勒·凡尔纳的科幻小说《从地球到月球》就是这样选择的……

毫无疑问，这不靠谱。除了钢铁，没人能承受炮弹这么高的初速度。炮弹发射瞬间，人会被加速度挤碎……

齐奥尔科夫斯基清醒地认

识到，只有刚开始慢、然后逐渐加速的火箭——这一古代中国人发明的东西，才适合载人飞行。宇宙飞船应该由火箭推动，绝不应是炮弹。而且炮弹的初速度仍然不能超过第一宇宙速度，根本飞不出地球。

此时，齐奥尔科夫斯基已算出了进入地球轨道的逃逸速度是 8 千米/秒。更匪夷所思的是，他甚至早早就想到了用液氧、液氢做火箭燃料。

1903 年、1911 年和 1914 年，齐奥尔科夫斯基分别发表了三篇同一标题的论文——《利用反作用装置研究宇宙空间》，建立起人类历史最靠谱的火箭运动和航天理论。其中有许多研究、发现和论述，在航天史上属于第一，非常了不起，简直可以彪炳千秋。

1. 首次明确提出液体火箭是实现星际航行的理想工具。

2. 首次较全面地研究了各种不同的液体推进剂，并提出液氢、液氧是最佳的火箭推进剂。

3. 首次提出火箭在真空中的运动关系。

4. 首次提出了火箭质量比的概念，并阐述了质量比的重要性。

5. 首次画出了完整的宇宙飞船的设计草图。

6. 首次提出了液体火箭推进剂的泵输送方法。

7. 首次提出了火箭发动机燃烧室的再生冷却方法。

8. 首次提出利用陀螺仪实现宇宙飞船的方向控制。

9. 首次研究了失重对生物和人的影响，并提出了减轻失重和超重不利影响的措施。

10. 首次开展了失重和超重对动物影响的试验。

11. 首次提出利用植物改善舱内环境和提供宇航员食物的措施。

12. 首次研究了火箭在大气层中运行时的空气动力加热问题。

13. 首次提出太空站和太空生物圈的设想。

14. 首次提出利用太阳光光压推进宇宙飞船的设想。

15. 首次提出太空移民的思想。

1929年，齐奥尔科夫斯基在《宇宙航行》中提出了重要的多级火箭设想。多级液体火箭可以使火箭获得更高的速度，飞更远的距离。40年后，美国“阿波罗”登月用的“土星”5号大推力火箭，就是齐奥尔科夫斯基设想的多级液体火箭。它完美地印证了齐奥尔科夫斯基的计算和设想。

齐奥尔科夫斯基走到哪里都有无限创意。1895年，他去了巴黎，受到刚建成的艾菲尔铁塔启发，他提出了“天梯”理论。现在，航天专家正在构想通往太空的天梯，以替代只能依靠火箭发射才能到外太空的危险之途。

除了科学领域诸多超凡的预见，在社会科学领域，齐奥尔科夫斯基还预见了准“联合国”的诞生。在他的幻想小说中，他预言到“由所有国家联合组成的代表大会”，“解决一切与人类有关的问题”，将在1947年成立。而我们知道，历史上的联合国于1945年成立，齐奥尔科夫斯基的预见仅差了两年。无比神奇。

1935年9月19日，齐奥尔科夫斯基逝世。

一年以后，他的墓前矗立起一座高大的纪念碑，上面铭刻着他的名言：“地球是人类的摇篮，然而人类不应总是生活在摇篮中，他们将会不断争取新的生存空间与世界，起初是小心翼翼地飞出地球大气层，然后将探索整个太阳系。”

而齐奥尔科夫斯基的传人谢尔盖·科罗廖夫（Sergei Pavlovich Korolev，请参阅本书第五章），借助齐奥尔科夫斯基构想的航天智慧，在苏联这个专制强权支持下，实现诸多的航天壮举，长时间击败美国人。

诗云：天不生仲尼，万古长如夜！

印有齐奥尔科夫斯基的银币

龚钴尔曰：天不生齐奥尔科夫斯基，航天历史还要在黑暗中摸索不知多少年。

第二节 罗伯特·戈达德列传

罗伯特·戈达德（Robert Hutchings Goddard）是美国最早的火箭科学家，是美国版的“火箭之父”。

他1882年出生于美国马萨诸塞州，其父精通机械，是刀具加工商。在戈达德童年时代，他母亲患上了当时的不治之症——肺结核病，身体极度虚弱。那时戈达德也经常生病，没法坚持正常上学。所以，戈达德学习成绩不算好，是个“坏”学生，留过级，年龄比其他同学大很多，并且尤

戈达德和他的朋友

其讨厌他日后片刻不离的数学。

童年时代戈达德就显示出对科学幻想和机械的特殊兴趣和能力。有一次他竟然和几个小朋友合作，试图挖一条通往中国的隧道。后来他迷恋上了威尔斯的科幻小说，如《世界之战》等，也醉心凡尔纳的《从地球到月球》等小说。

在他的自传中，他承认这些小说激发了他的热情和想象。他说那些故事“完全抓住了我的想象。威尔斯奇妙而真实的心理描写使故事变得十分生动，而他所提出的创造奇迹的途径总是让我想个不停”。

此后，戈达德时常梦想到火星去。若干年后戈达德意识到，到达火星的唯一工具就是火箭。

1906 年，戈达德从美国渥切斯特技术学院（Worcester Polytechnic Institute）毕业，进入克拉克大学攻读博士学位。这两所院校都在他的家乡马萨诸塞州，这为他后来的研究提供了地利。

1909 年戈达德开始进行火箭动力学方面的理论研究，三年后他点燃了一枚放在真空玻璃容器内的固体燃料火箭，证明火箭能在真空中工作。随后，他靠“几张打印稿和几张图”奇迹般获得了支持飞行研究的史密森学会 5 000 美元资助。

1911 年戈达德取得博士学位后留校任教。在此期间，他进一步认识到液氢和液氧是理想的火箭推进剂，他确信用他的方法一定能把人送上太空。

1919 年，戈达德发表了一篇题为《到达超高空的方法》的文章，论述了有关火箭的理论，预言火箭能够冲出地球引力的束缚而到达月球，甚至更遥远的太空。还论述了往月球表面撒多少“发光粉”，地球上的望远镜才能看到。该论文有 69 页，是一个小册子，由史密森学会发表。这篇文章流传很广，现在该论文已经成为经典著作。我们已经知道，16 年前，一个名叫齐奥尔科夫斯基（俄国的“火箭之父”）的俄国人也写过了相似内容的论文。

不过，当时经过第一次世界大战教训的美国人，正在国家航空咨询委员会（National Advisory Committee for Aeronautics，NACA）的带领下，拼命研制飞机，以致心无旁骛到对现代火箭这种新生事物毫无兴趣。只是由于戈达德一个人的存在，美国在把火箭理论变成现实方面，领先于“十月革命”后忙于共产主义试验的苏联。

1923 年，戈达德进行了世界上第一个用汽油和液氢作燃料的液体燃料火箭的引擎试验。后来，戈达德考虑制造更大、更理想的火箭，为此，他

戈达德研制的世界上第一枚液体火箭

在马萨诸塞州一个远亲沃德姨妈那里找到了一个适合当试验场的草莓农场。沃德姨妈是个老处女，养了一屋子猫，非常欢迎戈达德为她带来热闹，还让戈达德使用她家的鸡窝存放设备。不过，当地的消防员很不喜欢戈达德。

1926 年 3 月 16 日下午，戈达德在草莓农场成功发射了自己制作的第一枚火箭，他用液态氧和汽油作为推进剂。他的妻子拍下了他站在火箭旁的珍贵历史照片。这枚火箭长约 3.4 米，发射时重量为 4.6 千克。飞行延续了约 2.5 秒，最大高度为 12.5 米，飞行距离为 56 米。

这枚火箭就是今天现代火箭的真正鼻祖，这次试验与 1903 年莱特兄弟第一次试飞飞机具有同样的意义。这枚液体火箭比德国人早 5 年，比苏联人早 7 年。

1929 年戈达德又发射了一枚更大的火箭。这枚火箭比第一枚飞得更快更高，更重要的是它带有一只气压计、一只温度计和一架拍摄飞行全过程的照相机，这是世界上第一枚载有仪器的火箭。

1935 年戈达德又发射了一枚液体火箭，其速度第一次不可思议地超过了声速。此外，戈达德还获得火箭飞行器变轨装置和用多级火箭增大发射

美国的火箭之父罗伯特·戈达德

高度的专利。戈达德一共获得过214项专利。他设计的小推力火箭发动机是现代登月小火箭的原型，曾成功地升空到约2千米的高度。

戈达德的研究看似饱满，实际上他的研究经费极端缺乏，美国政府对他的工作从未表示过兴趣，而且挑剔的新闻界也不放过他。《纽约时报》嘲笑戈达德连中学的基本物理常识都不懂，却整天幻想去月球旅行……他们称戈达德为“月球人”。

人类历史上总有一批人，整天嘲笑有理想为新事物而努力探索的人。这是人性的弱点之一。

被新闻界左右的公众，也对这位前沿科学家的工作表示怀疑和不理解，但这些都没能影响到孤僻的戈达德。戈达德早就习惯了孤独和不被人理解。他一生研制火箭，却一直疏远美国火箭协会，不跟他们打交道就是一个例子。用剧作家易卜生的话说，“这个人一生孤立”。

戈达德独来独往惯了，没有流言能击败他。这是他的优点。不过，这也使他养成了一个坏习惯，那就是故作神秘和过度保密。

虽然戈达德的研究不被官方重视，但还是引起了美国航空界先驱人物查尔斯·奥古斯都·林白（Charles Augustus Lindbergh，又译林德伯格）的注意。

林白是第一个驾机飞越大西洋的空中英雄。在亲自考察了戈达德的试验和计划之后，林白立即设法从格根海姆基金会为戈达德筹得5万美元。

罗伯特·戈达德在克拉克大学

罗伯特·戈达德在他的“发射控制室”

这对于极端缺少资金而又迫切需要进行实验的戈达德真是雪中送炭。那时沃德姨妈家的草莓农场对于戈达德来说已经太不合适了，邻居们不愿跟一个孤僻的“炸弹客”生活在一起。1930 年，戈达德全家和四个助手搬到新墨西哥州的罗斯维尔（17 年后这里成为外星人的噩梦、UFO 爱好者的乐园），建立了他自己的发射场。

到 1941 年间，除了短暂的中断之外，他在这里从事了科技史上最令人瞩目的个人火箭研究工作。不过好景不长，第二次世界大战爆发后，戈达德被调入国防部进行武器研究。

又过了不久，更不幸的事情发生了，戈达德患了癌症，1945 年 8 月他与世长辞。

虽然戈达德成功地发射了世界上第一枚液体火箭，但由于一直没有引起政府的重视，没有政府为主导的研究，再加上他无聊的保密，导致戈达德还在世时，美国的火箭技术就已落后于后起之秀德国了。

当时的德国在希特勒的强力支持下，以年轻人冯·布劳恩（Wernher von Braun）为首的纳粹科学家根据前辈们的火箭理论，研制出了更先进的实用火箭——V-2 火箭。（注：本书将在第三章和第七章中介绍德国航天和冯·布劳恩等火箭科学家）

直到 1961 年苏联航天员加加林上天后，戈达德的遗孀才发表了戈达德30 年来研究液体火箭的全部报告。人们才重新发现了戈达德了不起的成就，戈达德也因此被誉为美国的“火箭之父”。

对于戈达德的工作，后来投降美国的纳粹火箭专家冯·布劳恩，曾这样评价：

“在火箭发展史上，戈达德博士是无可匹敌的，在液体火箭的设计、建造和发射上，他走在了每一个人的前面，而正是液体火箭铺平了探索太空的道路。当戈达德在完成他那些最伟大的工作时，我们这些火箭和太空事业上的后来者，才刚开始蹒跚学步。”

曾全力支持戈达德火箭研究的好友林白，在1958年目睹了美国第一颗卫星发射上天后，无限感慨地说：

“1929年，戈达德曾在我面前展现了一幅多级火箭前景蓝图，美国政府没有珍惜。30年后，当我在卡纳维拉尔角亲眼看到一枚巨大的火箭腾空而起时，我真不知道，是他那时在做梦，还是现在的我在做梦。”

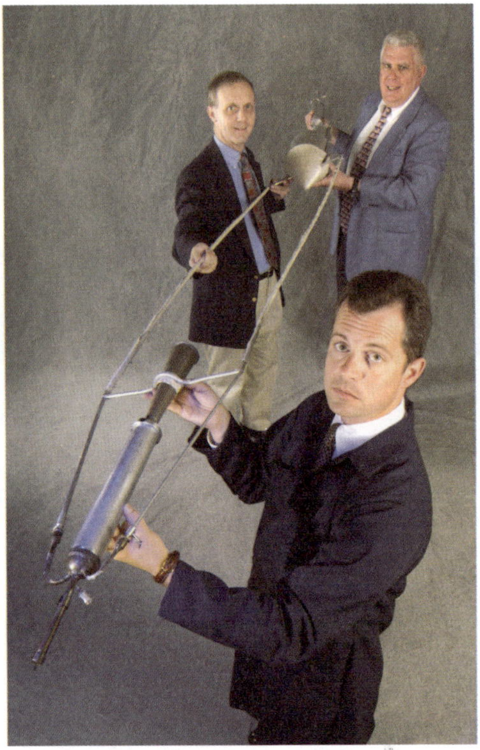

戈达德研制的世界上第一枚液体火箭

戈达德的传记作者莱曼（Milton Lehman）引用诗人布朗宁的诗，向戈达德表达他的敬意：

卑贱的人极少有追求的目标
看一件，做一件
高尚的人追求伟大的事业
至死不渝

1945年，63岁的戈达德逝世。在他死后，他获得的荣誉达到了顶峰。他被追授了第一枚刘易斯·希尔航天勋章，美国宇航局也将位于美国东部马里兰州格林贝尔特的大型研究中心命名为“戈达德太空飞行中心”。

龚钻尔曰：谣诼只能一时，名节却是千古。不必为信而见疑、忠而被谤而痛苦，独立人格终会被天下人所理解。走自己的路，让别人打的去吧。

第三节　赫尔曼·奥伯特列传

奥伯特

赫尔曼·奥伯特（Hermann Julius Oberth）是德国物理学家、航天理论学家。

他 1894 年 6 月 25 日出生在罗马尼亚特兰西瓦尼亚地区（当时隶属于奥匈帝国的一部分），属于德国飞地中的赫尔曼施塔特市。

11 岁时，他读到了凡尔纳的航天科幻作品，尤其是《从地球到月球》这部作品。据悉，奥伯特读了很多遍这部小说，他一方面对太空飞行无限渴望，另一方面对故事中所描述的用大炮飞行提出大胆的质疑。

他认为大炮炮膛出来的初速度，会把宇航员瞬间压碎，炮弹飞船在大气层中也会被烧毁。认识到这种航天方式的缺陷后，奥伯特开始寻找一种新的靠谱的太空旅行方式。很快，奥伯特就将目光转向了靠谱的“火箭”。

总体而言，奥伯特是一个理论学家，不像美国的戈达德那样，有很强的动手能力。奥伯特不是一个喜欢“金属”的人。在 20 世纪初对航天的研究时，他并不知道俄国的齐奥尔科夫斯基和美国的戈达德，他的工作是独立思考的结果。

1923 年，奥伯特出版了《飞往星际空间的火箭》（By Rocket into

Planetary Space)，随后又出版了《太空旅行之路》……他甚至预言了电推进火箭和离子推进火箭。这些作品使当时的德国懂技术的、不懂技术的人，几乎都能理解宇宙航行的知识。他影响了很多人，其中就包括后来将火箭技术发挥到极致的德裔美国火箭专家冯·布劳恩。

直到20世纪20年代中期，奥伯特才发现了俄国的齐奥尔科夫斯基和美国的戈达德，他们也在做火箭方面的研究。

奥伯特，这位火箭理论专家和科普作家，不懈努力，不懈推翻传统德国军方对火箭这种新事物的屡次排斥，使得德国率先明白火箭在军事中的意义。

到了20世纪30年代，奥伯特继续对液体推进剂火箭和人类未来的太空飞行进行研究。

1938年，他加入维也纳技术大学，短时间参与了德国空军有关火箭研究的计划。

1940年，他加入德国国籍。

1941年，他加入冯·布劳恩在佩内明德领导的德国火箭发展小组。之后，他又被调去研究固体火箭。

德国战败后，他被盟军俘获，关进拘留营。被释放后，奥伯特离开了令他心碎的德国，在瑞士和意大利找到了和火箭有关的作家和教师的职业，并工作了数年。

1958年6月1日奥伯特和冯·布劳恩等一起在美国研究人造地球卫星

1961年德国航天先驱奥伯特和火箭专家冯·布劳恩在一起

1963年1月8日，奥伯特和冯·布劳恩重回德国，接受德国柏林技术大学荣誉博士称号

1958 年，奥伯特退休后，回到德国。

1969 年，应邀前往美国观看“土星”5 号运载火箭发射，见证了“阿波罗”11 号月球之旅，见证了最宏伟的航天理想的实现。

1989 年 12 月 29 日，奥伯特在德国的纽伦堡逝世，享年 95 岁。

在早期的“航天四侠”中，只有奥伯特活着看到了他们早期的设想变成现实，包括：1957 年，以苏联“人造地球卫星”1 号为标志的航天时代的正式开启、1961 年人类实现第一次航天飞行、1969 年人类第一次登上月球、1971 年人类建造了第一个太空站、1982 年人类第一个可重复利用的航天器航天飞机，还有数不胜数的太阳系深空探测器、太空望远镜……

龚钴尔曰：对理想主义者而言，对抗世俗者的最好办法就是“活得久一点”，这是一种幸福，也是一种胜利！

第四节　埃斯诺·贝尔特利列传

埃斯诺·贝尔特利（R. Esnault-Pelterie）是法国的航空航天先驱，虽不如前三位航天侠客著名，但也是早期的航天启蒙者。

埃斯诺·贝尔特利

贝尔特利 1881 年出生于巴黎。他的父亲是一位纺织机械制造商。由于受到父亲的影响，他在孩提时代就对机械问题产生了浓厚的兴趣。

1907 年，他开始航天理论研

究，并广泛传播他的航天学思想。

他于 1912 年 2 月和 11 月分别在俄国的彼得堡和法国巴黎物理学会发表演讲，宣传他的航天学理论。他基于动量守恒和能量守恒定律，推导出火箭在真空中的运动方程式，得出火箭的逃逸速度是 11.28 千米/秒。

在这些工作的基础上，他又研究了月球火箭，把火箭从地球飞到月球分成三个阶段：第一，火箭加速，达到摆脱地心引力的逃逸速度；第二，火箭发动机停止工作，靠初速度，继续向月球飞行；第三，在接近月球的特定轨道上，火箭发动机倒转并重新启动，在月面上着陆。

他的观点在当时引起很大的震动，它同齐奥尔科夫斯基 1903 年发表的那篇论文具有同等伟大的意义。他们这些论文的发表被看做航天学诞生的标志。

随后，他还研究了火星火箭和金星火箭。

1957 年 12 月 6 日，埃斯诺·贝尔特利在法国去世，享年 76 岁。他见证了人类第一颗人造地球卫星飞上太空，见证了航天时代的真正开启。

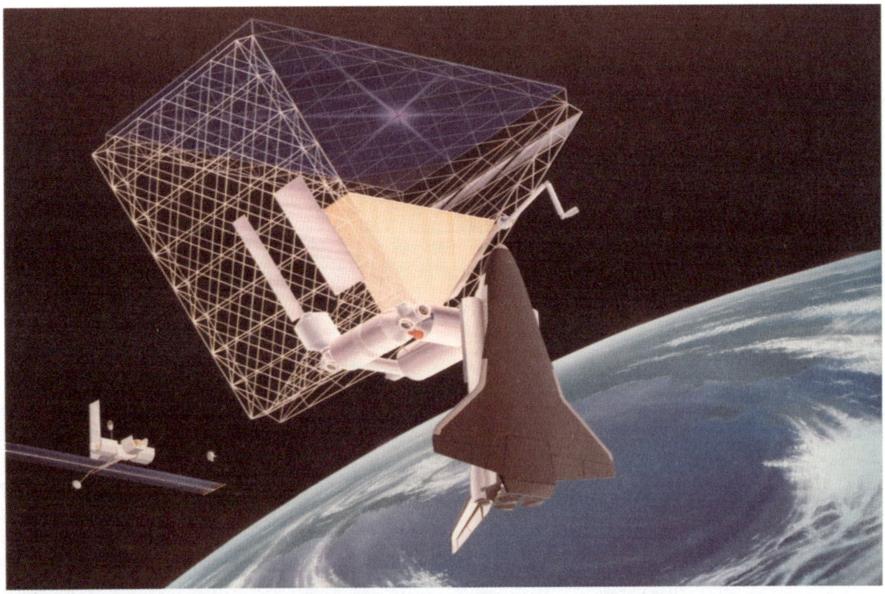

早期太空站与航天飞机的对接设想

第三章 德国航天本纪

第一节 讨厌的《凡尔赛和约》

在航天史上著名的“航天四侠”出现之后，人类航天史的面貌焕然一新。苏联、美国、德国、法国四个国家，除了法国，其他三个国家初始的航天研究，特别是火箭技术探究与试验情况，其实差不了太多。然而，国家的重视对航天的影响，永远是伴随着整个人类航天史的。

这最早突出地表现在德国身上。

众所周知，德国挑起了两次世界大战。“一战”之后，德国军需装备一直在暗暗进行，工业基础也非常不错。德国很早就重视先进武器的研制，因为这可以突破“一战”后《凡尔赛合约》对它的限制。

当时，依靠火药进行航天器推进的想法，基本被废弃。从火药到火炮，似乎都不行。而

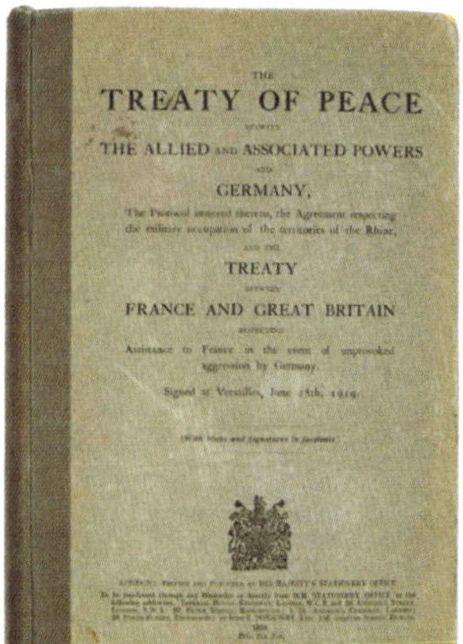

《凡尔赛合约》首页。1935年3月希特勒宣布恢复兵役制并扩充德国军队，包括建立凡尔赛条约中禁止德国拥有的海军武器、装甲部队和空军

德国早期的火箭研制

煤油或酒精和液态氧的组合，燃烧效率很高，开始被当做火箭的最佳燃料。

当时，全世界只有一个国家在军队的支持下，开始研制液体燃料火箭——那就是亟待军需装备的德国。

而为液体火箭这种新型工业技术造势的，还有一部著名的德国科幻电影——《月亮上的姑娘》（The Girl In The Moon）。这部电影从舆论上，严重刺激了德国火箭技术的发展。

这部电影首映时，来了很多德国文艺界的重要人物，还有很多德国政府人员，影片极大地开拓了决策者的眼界。

影片的编剧甚至直接聘请德国火箭之父赫尔曼·奥伯特做电影的技术顾问，而奥伯特也趁机“勒索”，要求电影投资商给他的火箭投资……

这部电影在吸引眼球上，还引用了一个了不起的艺术策略，玩起了倒计时“5、4、3、2、1，点火”。这个玩法，在日后的航天发射中被沿袭。

总之，电影投资人和奥伯特等航天先驱一拍即合，德国开始了一段先进的火箭研制之路。

虽然，该影片票房一般，但是引起了很多科学家的关注，他们对火箭这种新事物产生了浓厚的兴趣。电影投资人血本无归，但奥伯特的液体火箭雏形已现。

第二节 火箭终于飞过火炮

随后，奥伯特领导成立了一个宇航爱好者参与的“宇航协会”(Society for Space Travel)，极为迷人，后来的冯·布劳恩也是这个协会的会员。“宇航协会”引起了军方人士卡尔·贝克尔的特别注意。

在大炮等武器横行于世的时候，卡尔·贝克尔对火箭的钟情，显示出他是一个极为有眼光的军人。要知道，在此之前的1918年，“巴黎大炮”诞生，并广受欢迎。

巴黎大炮是一门超射程炮，起初被命名为“威廉大炮”，后因为炮击巴黎而闻名，故得名“巴黎大炮”。该大炮的口径为210毫米，身管长34米。若把炮身竖立起来，其炮口要高过10层高楼的楼顶。最大射程是131千米。巴黎大炮的设计与制造堪称世界一流，其主要特点是射程远，堪称当时世界之最。

巴黎大炮

此时，大炮受到《凡尔赛和约》限制，而“火箭”这一没人关注的新事物却可以成为德国钻空子的利器。

几经艰难摸索，到20世纪30年代，德国在火箭方面积累了很多经验。

很快，希特勒上台，执政德国，对新武器的渴望更加强烈。纳粹政府准备彻底推翻《凡尔赛和约》。

1932年后德国陆军开始思考液态燃料火箭作为长程攻击武器的可能性，并派遣对火箭研发极有兴趣的瓦尔特·多恩伯格（Walter Robert Dornberger，1895—1980年）上尉负责筹组相关事宜。

多恩伯格招募了当时为经济状况烦恼的冯·布劳恩为首的火箭研究小组，进入德国陆军兵器局，开始进行液态火箭推进器的试验。

对火箭研发极有兴趣的瓦尔特·多恩伯格

1936年，德国在小镇佩内明德建设隐秘而庞大的火箭研究中心。德军耗资3亿马克，在四周架起铁丝网，严禁外人接近。那里集中了数千名德国工程技术人员（最多时达1.7万人）。此外，德军还从布痕瓦尔德集中营押运过来很多囚犯做劳动力。他们夜以继日，为研制德国火箭而努力。

当时，美苏两个国家对火箭都还没怎么上心……苏联的很多火箭专家正在蹲监狱，而美国走在火箭研究前沿的加州理工学院的火箭研究仅仅还是个“俱乐部”。

从1933至1941年的8年期间，多恩伯格与冯·布劳恩的研发团队不断进行火箭研发，第一代的A-1重150千克，直径0.3米，长1.4米，采用酒精与液态氧推进剂。由于设计不合理，A-1火箭试验失败。

1934年12月19日及20日，冯·布劳恩的研究团队成功发射两枚重500千克、安装陀螺仪并以液态氧及乙醇为动力来源的A-2火箭，基本成功。

由于 A-2 火箭得到了满意的成果，德军很快开始着手研究第二代的 A-3 与 A-4 火箭。A-4 火箭的目标射程是 250 多千米，最大射高 80 千米，它是可以装载 1 吨烈性炸药的大型火箭。

A-4 火箭射程几乎是大名鼎鼎的巴黎大炮的两倍。

第三节　突破关键技术的V-2火箭

顺带对比一下，此时苏联的谢尔盖·科罗廖夫（Sergei Pavlovich Korolev，详情请参阅本书第五章），也正在苏联军队的资助下，开始研制苏联的火箭。不过，由于众所周知的原因，政治疯狂开始支配苏联。科罗廖夫的火箭计划很快被政治运动摧毁，苏联火箭专家科罗廖夫也被投入监狱。

与此同时，德国继续在火箭领域取得世界级的领先成就，火箭概念深入人心。

新的更强有力的德国军队，开始大力支持冯·布劳恩等德国火箭科学家的研制工作。

他们在德国佩内明德建设了当时世界上最强大的火箭中心，那里有很多台火箭试车台、风洞、雷达测试场、发射架等。德国科学家开始更进一步研制自动控制制导系统。此外，他们还解决了大型发动机设计、推进剂输送、燃烧室冷却、高速空气动力学等一系列重大的技术问题。

研制新的制导和控制系统，在当时是很困难的，但是对于人类的火箭事业极其重要。它几乎制约了火箭这种新事物的进一步发展。因为没有足够好的制导和控制，火箭往哪里飞，能否顺利飞起来，都是大问题。对一枚火箭（或导弹）而言，外形和燃料都不是什么太大问题，80%的重点工作就是要做好导航和控制的工作。

火箭起飞后，发动机猛烈喷火，火箭必须保证它的平衡和顺直，就像杂技人员用竹竿撑碟子一样神奇才行。在火箭技术中，陀螺仪要承担这个工作，它必须是非常敏感的姿态控制仪器，时时控制火箭喷射的偏斜，以校正火箭飞行方向。同时，这种校正还要能很好地应付空气中的阵阵狂风，还要适应火箭燃烧时箭体质量的减轻变化、重心的偏移等等复杂的变量……

这个复杂的系统耗费了德国人数年的时间，甚至 A-3、A-4 火箭都没能很好地达到德国科学家想要的最优的控制系统。

A-3 火箭第一次发射时，甚至连微风都经受不住。A-4 火箭，开始也只能采用临时的制导系统。当时的德国火箭科学家相当头疼。

直到 1943 年春天，在电子模拟计算机等其他领域的先进技术帮助下，这个问题才算解决了，研制出了陀螺平台式惯性导航装置。A-4 火箭终于在任何状态下都能飞到设计高度。

不过，此时穷兵黩武的纳碎德国，已经开始在“二战”中快玩完了。在希特勒看来，研制好了，就赶紧批量生产吧，其他的话不要多讲。

在希特勒这个最高决策者眼中，可不是只有火箭。他当时可谓拼尽了全力，在研制喷气式战斗机、核弹等杂七杂八的先进武器上，花费了德国大量的资金。

1943 年 7 月，希特勒听完 A-4 火箭的汇报，很高兴，忘乎所以地说“如果我们在 1939 年就拥有这些火箭，我们就不会卷入这场战争了”——瞧，这个战争狂人竟然忘记了是谁发动的战争?! 紧接着，希特勒自我陶醉，畅谈了他对火箭“毁灭性效果”的憧憬。

同样是对火箭感兴趣，同样是对火箭存有幻想，有的人想用它登月，有的人却想用它来实现“毁灭性效果”。人与人之间的差别真是巨大。

随后，纳粹宣传部部长戈培尔，给 A-4 火箭取了个新的、符合希特勒颠倒黑白的名字——复仇者（Vergeltungswaffen）2 号，也就是大名鼎鼎的“V-2”导弹。另一种武器 Fi-103 巡航导弹，则被命名为“V-1”导弹。

V-2 导弹（或曰火箭，因为它远离发射地后，就不受控制了，所以还不是今天的导弹概念），在航天史上具有重要意义。它是第一个现代意义上的、可操作的火箭，对后来所发展的大型运载火箭有直接的影响。

随后，德国开始大批量生产、装备这种致命武器。对准的目标——英国伦敦。

1944 年德国火箭专家在装配 V–2 导弹

德国拥有的先进 V–2 果然不同凡响，它的飞行速度非常快，6 分钟便能从德国飞到英国。它寄托的是希特勒孤注一掷的仇恨。然而，希特勒的武器只是强弩之末。V–2 火箭服役的时候，盟军已经攻占了巴黎。

V–2 导弹发射瞬间

最后的几个月里，德国人共向英国疯狂发射了数千枚 V–2 导弹，V–2 导弹成了攻击英国的杀手锏，英国的防空设施根本无法将它击落。不过它也无须击落，希特勒的这个杀手锏有很大问题，它的命中率太差。

丘吉尔曾针对 V–2 写道，“它的平均误差超过 16 千米”……看来，击落了反而未必是好事。截至战争结束，德国人总共向英国发射了 3 225 枚 V–2 导弹，为英国贡献了大量“废铁”。

而 V–2 这个神奇的、前所未见的、漏缝的鸡蛋，招致了美国和苏联这两只大苍蝇的关注，导致 V–2 及制造 V–2 的专家被美苏劫走，继而奠定后来人类航天事业的技术基础。

第四节　一夫作难而七庙隳

1945 年，（据说是准备投降的）冯·布劳恩等纳粹火箭专家被美国陆军逮个正着，美军很快把他们的火箭设施洗劫一空。

当年 7 月，美国国防部特别制订了“回形针”计划（Operation Paperclip），派中国籍美国火箭专家钱学森（你没看错，就是大名鼎鼎的未来的“中国航天之父”钱学森先生）等人，赴德国甄别德国火箭专家和德国火箭技术，让冯·布劳恩写出书面报告《德国液态火箭研究与展望》。

1945 年，“二战”末期，德国瓦尔特·多恩伯格和冯·布劳恩在一起

希特勒很重视火箭研制，图为希特勒在纳粹德国火箭研制基地库莫斯多夫（Kummersdorf）视察

之后，美国把冯·布劳恩等纳粹顶尖科学家和设备全部运到了美国。

再之后，大家就都知道了，德国战败，希特勒自杀。

整个德国航天事业再也没有领先世界。

有意思的是2012年一部科幻电影《钢铁苍穹》（Iron Sky），讲述了“二战”失败时，一部分纳粹党乘坐火箭逃到月球，并在月球建立基地，伺机杀回地球……再现了德国人的率先制造出现代火箭、渴望航天的情愫。

回首这段由德国出于军事武装目的而突然爆发起来的现代航天技术历史，龚钴尔曰：一夫作难而七庙隳，身死“己”手，为天下笑者，何也？仁义不施而攻守之势异也！

第四章 苏联航天本纪

第一节 抢到二流德国火箭专家

“二战”后期，德国很多先进武器，严重刺激了盟国，尤其是美国和苏联。他们后怕地惊出了一身冷汗：好家伙，原来德国有这么多宝贝，也许只差那么一点，盟国就被这些先进武器打败了，世界历史也许要重写……

当时，纳粹德国不仅在火箭方面领先世界其他国家，在原子弹、喷气式飞机、碟型飞行器（传说中的“飞碟”）、寻找圣物（比如圣杯、圣枪等跟耶稣有关的圣物，希特勒认为它们有统治世界的力量）等方面，都有领先的经历……

在这些领域，纳粹德国拥有非凡的想象力、坚决的执行力，而且都已经成功或差点成功。试想纳粹德国若是完全成功了，拥有并装备这些先进武器，那么世界将不是现在这个样子。

这些先进武器中，最引人注目的就是“火箭”，特别是 V-2 导弹。美国和苏联，都制订了计划，准备将德国火箭专家和相关设备抢回国内。

1945 年，纳粹德国节节败退，占领德国的美苏两国军队，除了巩固占领，另一个重要的任务就是把纳粹德国的顶尖级科学家押运到自己国家，尤其是那些德国火箭专家，他们有着比美国、苏联科学家更丰富的经验。

最终，美国在情报和执行上技高一筹，率先抢到了纳粹德国火箭专家冯·布劳恩及其他一流的火箭专家和很多枚没来得及使用的 V-2 导弹。当时，准备投降的冯·布劳恩等纳粹火箭专家被美国陆军逮个正着，美军很快把他们的火箭设施洗劫一空。1945 年 7 月，美国国防部特别制订了“回形针”计划（Operation Paperclip），把纳粹顶尖科学家和设备全部装上火车，运到了美国。

苏联迟到一步，只抢到了二流的火箭专家和一些残破旧件。倒霉的苏联红军赶到后，他们在美国人翻捡完的废墟中，看到了令他们百思不得其解的东西：到处都是像大鲨鱼一样的废旧金属空壳。苏军不知道那一堆烂玩意儿是什么，于是就从西伯利亚“古拉格群岛（劳改营）”请来了一位据说懂行的人，他能作出解释……

第二节　古拉格囚犯出场

从“古拉格群岛”来的人就是谢尔盖·科罗廖夫（Sergei Pavlovich Korolev）——苏联的火箭专家。本书将在第五章仔细介绍这个人，在此先作简单介绍，使阅者不惑。

谢尔盖·科罗廖夫于 1906 年生于乌克兰，曾以半工半读的方式念完了中学和高等专科学校。1929 年，他从莫斯科高等技术学校空气动力系毕业，差一点去搞航空。同年，他结识了苏联“火箭之父”——齐奥尔科夫斯基，成为齐奥尔科夫斯基的第二代传人，从此将航天作为自己的理想。

当科罗廖夫到了德国前线后，他非常清楚那些类似大鲨鱼的东西就是德国的火箭外壳。

那东西正是他几十年来魂牵梦绕的，没想到十年的牢狱生活过后，火箭竟然已在德国人手底下批量生产了。同行的苏联军官对德国拥有如此先进的武器也感到震惊，不过这一切跟科罗廖夫没关系。苏联人有一则谚语："我是一只公鸡，我的职责是啼叫。如果太阳不出来，那不是我的问题。"科罗廖夫被西伯利亚劳改营的铁锨耽误了。

在德国，科罗廖夫甚至看到了冯·布劳恩残留的照片，这是一位和他年纪相仿的帅哥。他知道这个纳粹火箭精英已经被美国人掠走了，而他将是自己未来的劲敌……

科罗廖夫马上向苏联高层汇报了在德国看到的一切，并指出了未来苏联的火箭（导弹）道路。他很快得到了苏联最高领导人的支持，因为斯大林意识到了火箭的重大作用。

1947年，在克里姆林宫的一次会议上，斯大林说："你们意识到这种机器的巨大战略重要性了吗？它们可以成为制约吵闹的店小二杜鲁门（当时的美国总统）有效的紧身衣。同志们，我们必须发展这种东西。能飞越大洋的火箭对我们很重要。"

随后，斯大林的继任者——赫鲁晓夫上台后，情况变得对苏联航天、对科罗廖夫更加有利，因为赫鲁晓夫更喜欢科罗廖夫和他的航天计划。

赫鲁晓夫于1953年至1964年间，一直担任苏联共产党中央第一书记。

古拉格是俄文"劳动改造营总管理局"简称的音译。1970年诺贝尔文学奖得主索尔仁尼琴的史诗般巨著《古拉格群岛》中所述"献给（古拉格）没有生存下来的诸君，要叙述此事他们已无能为力"。所谓"古拉格群岛"，是取其象征含义，即古拉格下辖的各个劳改营。

斯大林重视火箭研制

火箭专家科罗廖夫就在"古拉格群岛"浪费了十年青春，导致了本来领先德国的苏联航天落后于德国。

在斯大林、赫鲁晓夫的支持下，科罗廖夫开始独立施展其藏匿心中的火箭才华。他的这种才华绝不亚于他的任何前辈与敌手。

第三节　全力发展导弹和人造卫星

苏联是世界上第一个社会主义国家。它的建立促使社会主义事业在全球范围内蓬勃发展。西方国家普遍感到社会主义对他们是极大的威胁。

很快战时的联盟瓦解了，取代它的是东西方的冷战。斯大林感到前所未有的压力，他认为应对冷战，最重要的就是军事实力。考虑到常规武器和航空武器与美国的差距，苏联制定了优先发展核武器和远程导弹武器的军事战略。这个战略为苏联创造多项航天奇迹打下了基础。

1946 年 3 月，苏联举行的战后最高苏维埃第一次会议，代表们通过了明确的纯军事性质的决议：“保证继续提高苏联的国防能力，并向苏联武装力量提供最新的军事装备。”

考虑到当时轰炸机与美国的差距很大，一时间还赶不上美国的水平，而苏联的原子弹正在加速发展，斯大林指示要全力发展弹道导弹，以便能发射核弹头轰炸美国本土。

1947 年 3 月 15 日，斯大林在克里姆林宫最高决策层会议上说：

> “德国科学家发明了许多有趣的玩意儿，洲际导弹就是其中之一，可以使战争完全改观……”

而发展洲际导弹，在客观上，直接或间接为发展航天事业奠定了坚实的技术基础。

如前所述，苏联俘获的德国火箭专家不是那么有水平，苏联甚至连一枚完整的 V–2 导弹都没有抢到。不过，作为世界上最早的现代航天奠基国家，作为拥有齐奥尔科夫斯基这样的航天启蒙者的国家，苏联拥有强大的现代航天理解和领悟能力，事实也证明，在纳粹德国倒台之后，它将是接下来数十年中世界航天的老大。

1947 年 10 月 30 日，在德国这些二流专家的帮助下，苏联重新组装出了 V–2 导弹，并发射成功。苏联人完全掌握了德国的火箭技术。德国专家开始退居次席。

之后，苏联在德国的火箭技术基础上，开始仿制 V–2 导弹。仿制的导弹名叫 P–1（P 是俄文“胜利者”的首字母）。

随后 1956 年，苏联又在自己的火箭发动机专家格鲁什科的主持下，研制出了第一枚中程导弹。

当然，与此同时，苏联还在研制远程导弹。此时，赫鲁晓夫已经上台。他很支持科罗廖夫研制洲际导弹和人造卫星的设想。

1955 年，在赫鲁晓夫的指示下，苏联成立了“人造地球卫星委员会”，负责组织人造卫星和运载火箭的研制，科罗廖夫担任了运载火箭总设计师。

第四节　人造地球卫星石破天惊

苏联相关部门全力配合科罗廖夫的人造卫星计划。很快，一架重量和坦克差不多的卫星被组装了出来。

科罗廖夫见到那颗卫星后几乎崩溃，因为他的火箭实在托不起这样的卫星。当然，这也不能怪卫星制造者，因为此前没人知道卫星该长什么样。由于火箭推力有限，因此卫星只能瘦身，瘦到只保留一部发报机，不过，它的重量仍然比后来的美国第一颗卫星要重十多倍。1957 年，科罗廖夫的R–7 火箭研制成功，具备了发射卫星的大推力。

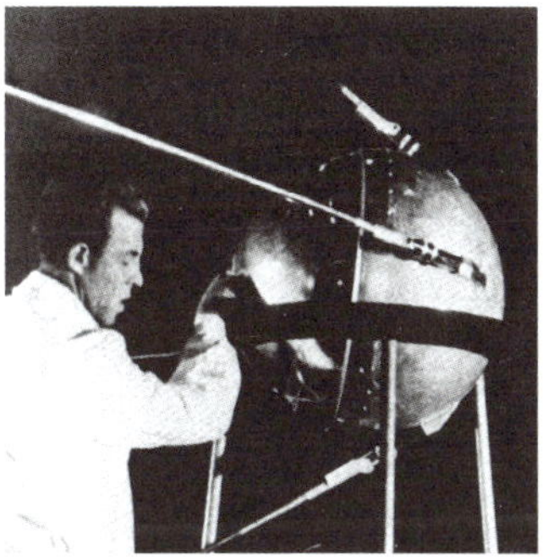

苏联第一颗人造地球卫星 Sputnik 1 号

苏联人造地球卫星 Sputnik 1 号

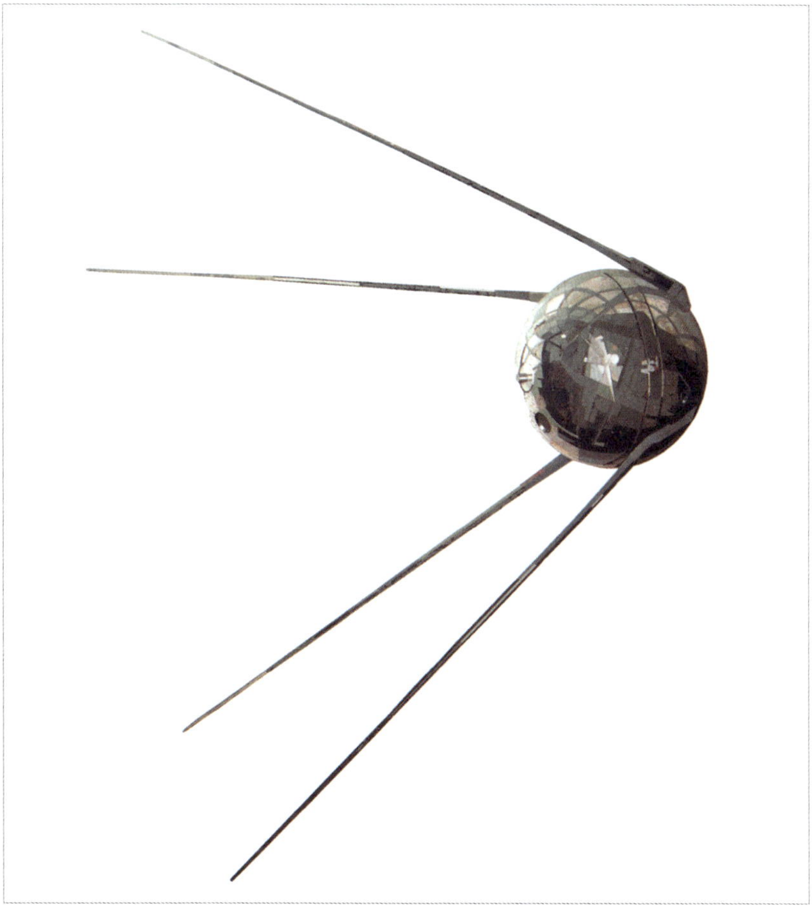

苏联人造地球卫星 Sputnik 1 号

1957年10月4日晚上，一枚R-7火箭在探照灯发出的耀眼光芒中发射。90分钟后，它上面携带的发报机清脆的“嘀嘀”声响彻了整个世界。科罗廖夫终于完成了一个心愿。在荒凉的发射场，他和同事们用伏特加酒庆功。

苏联率先发射世界上第一颗人造卫星——“人造地球卫星”1号（Sputnik 1），举世震惊，尤其是美国，简直不敢相信。

美国总统德怀特·艾森豪威尔开始不堪其扰。那些天，几乎所有白宫顾问都围绕在艾森豪威尔身边，就卫星事件，如蚊子一般骚扰着他。

当时，科罗廖夫的劲敌——冯·布劳恩，正在美国亨茨维尔出席一个庆祝新任国防部长尼尔·迈克尔罗伊的鸡尾酒会。美国人还沉浸在欢乐中。

美国新闻界则开始炒作和激将，讽刺漫画满天飞。《纽约时报》在头版用彩色大字赫然写道：

> 苏联向太空发射了地球卫星，
> 该卫星以每小时18 000英里的速度绕地球飞行，
> 四次越过美国上空……

《新闻周刊》则刊登了一段特殊的报道，一周后又补了一段。报道写道：

> 在一个专政的国家，
> 一群受控制的科学家取得了如此成就，
> 这个国家已经将“卫星”这个词赋予了奴役的含义。

《生活》杂志则发表了一篇名为《惊慌失措下的争论》，讽刺艾森豪威尔说得不多，做得也太少。

参议院多数派领袖林登·约翰逊（Lyndon Baines Johnson，在肯尼迪总统遇刺后成为美国总统）则写道：10 月 4 日晚上，当苏联把卫星送上太空之后，我在德克萨斯州自己家的农场散步，不知何故，我感觉天空看上去与往日不一样了。

林登·约翰逊还用颇具夸张、恐吓味十足的口吻说："控制太空意味着控制世界。未来太空的主人（如果不是美国，那就是苏联了）将有能力控制地球的天气，制造干旱和洪涝，改变潮汐使海平面上升，使洋流转向，将温暖变成寒冷……"

1957 年 11 月 25 日到 1958 年 1 月 23 日，以林登·约翰逊为主席的美国参议院武装服务委员会，密集地召开了不下 20 次会议，以宣泄委员会的担心。

可以说，苏联的第一颗人造地球卫星，彻底拉开了航天时代的序幕，具有石破天惊的重要意义，无数航天先贤们幻想的一天，终于到来了。

以此为标志，全面的美苏航天竞赛也彻底拉开。人类历史上最光彩夺目、最密集的航天大发展时代，就此到来。

第五节　苏联航天世界第一

美国很震惊，苏联也醍醐灌顶般领悟：原来往天上扔点东西能让美国人这么害怕?! 能捞这么多的政治资本?!

苏联领导人赫鲁晓夫得意扬扬，决定要让"苏联的某些东西将每天在太空上运行"。于是，苏联人加紧航天投入，继续发射火箭和航天器，争取所有航天纪录都保持世界第一。

苏联卫星事件仅仅一个月后，即 1957 年 11 月 3 日，就在美国仍旧无动于衷的时候，苏联变本加厉，第二颗人造地球卫星——"人造地球卫星" 2 号又发射升空了。

这次的卫星不仅质量大增，而且卫星里还匪夷所思地塞进了一只狗。

可怜的小狗叫“莱卡”，四天后死在太空。很显然，它是一只无辜的试验品。苏联把狗送上太空的终极目标是要把人送上太空，这是个很有挑战的想法。此外，多方面的情报显示，苏联还计划登陆月球和火星，而把美国难堪地留在地球。

苏联开始向多方面发展。一方面开始选拔航天员，另一方面又在准备撞击月球，还在准备往金星和火星发射探测器。

1959 年 1 月 2 日，“月球”1 号月球探测器在苏联拜科努尔发射场顺利升空，随即离开地球轨道。两天后，它从 5 995 千米外的地方近距离掠过月球。发射“月球”1 号所使用的火箭被称为“月球”号火箭。苏联对自己的火箭越来越有信心。

1959 年 9 月，“月球”2 号成功击中月球。

1959 年 10 月，“月球”3 号飞到月球背面，拍摄了世界上第一张月球背面的照片。

1961 年 2 月，苏联还发射了人类第一颗金星探测器“人造卫星”7 号（失败），8 天后又发射了“金星”1 号（飞到了金星附近）。

第六节　世界上第一位飞上天的航天员

1958 年 10 月 1 日，美国为了回应咄咄逼人的苏联航天，成立了美国宇航局（National Aeronautics and Space Administration，NASA）。美国宇航局的成立确实振奋美国人心。

6 天后，它的第一任局长格伦楠为了更加振奋人心，宣称美国宇航局要把人类第一个宇航员送上太空。

第二年 4 月，美国宇航局在华盛顿举行会议，向全世界骄傲地介绍了他们千挑万选、要代表人类进行第一次载人航天的“水星”计划宇航员。

1961 年 4 月 12 日，就在美国宇航局骄傲地带领美国，信心百倍地进行世界上第一次载人航天的准备工作时，一切毫无征兆，苏联航天员尤里·加加林（Yury Alekseyevich Gagarin，1934—1968）突然搭乘“东方”1号飞船（Vostok 1）飞上了太空，绕地球飞行1小时48分钟后，安全返回地面，成为世界上第一个飞上天的航天员。

加加林

加加林乘坐的人类第一架飞船

插播：关于航天员、宇航员、太空人

美苏太空争霸，在怎么称呼飞上太空的人时也产生了差异。苏联人将飞上太空的人称做“航天员”（cosmonaut），而美国则称做“宇航员”（astronaut）。也有人称呼飞上太空的人为“太空人”（taikonaut）。本书为了尊重这种传统，在文字上出现了称呼上的差异。其实，至少在现阶段“航天员”“宇航员”“太空人”并无实质差异。关于现在到底有多少飞上太空的人，由于现在对飞多高才算宇航员（航天员）有争议，所以目前全世界宇航员（航天员）的人数是个约数，有700多位。

这对美国人来说犹如晴空霹雳。

苏联竟然再次领先，而且是实现了世界上第一次载人航天。

美国人都傻眼了，如同革命党去革命没叫阿Q同去。他们万万没想到，当美国没准备好的时候，苏联就把活人送上了太空……

加加林搭载的飞船是“东方”1号。“东方”系列飞船是苏联第一代载人飞船，也是世界上第一个载人航天器。“东方”号载人飞船工程于1957年开始论证，1959年春天完成设计，1960年运载火箭和飞船全部研制成功。在加加林飞天之前，苏联共发射了5艘无人试验飞船。

1960年5月15日，苏联进行了首次无人驾驶“卫星式飞船”1号的发射试验，考核了飞船密封性和控制系统、生命保障系统、通信系统的工作情况。在返回时，由于飞船摆错了姿态，制动火箭鬼使神差地将飞船推向了更远的深空，直到两年后，加加林都飞上太空了，

苏联的第一次太空出舱行走

它才返回地球。由此可见，载人太空飞行之前，进行试验是十分必要的。

8月19日，载着2只狗、2只大白鼠、40只小老鼠和其他一些动植物的“卫星式飞船”2号发射入轨，进行生物和医学试验，检验了飞船的安全性和返回系统。返回舱飞行18圈后，成功返回。这次飞行颇受美国人忌妒。美国一位科学家说：“您瞧好，下次他们会把一支足球队和大卡车送上天。”

12月1日，苏联发射了“卫星式飞船”3号，船上装有2只倒霉的小狗和一些植物。飞船在绕地球飞行了27圈后回收失败，小狗不明所以地为人类太空探索而牺牲，苏联遇到挫折。不过，两个月后，苏联金星探测器发射成功，它给了莫斯科另外的自信。

1961年3月9日，苏联继续发射了“卫星式飞船”4号，船内装有模拟假人、几内亚猪、狗，以及若干其他小动植物。该飞船和载人飞船状态完全一致，获得圆满成功，在指定地点着陆，一切顺利。

“卫星式飞船”4号发射后，苏联航天员开始出事了。1961年3月23日，在莫斯科郊外的航天员训练中心，准备上天的首批航天员邦达连科、加加林、季托夫三人正在进行一系列模拟训练。最有希望先上太空的邦达连科在地面训练的最后一天，在高压氧舱里训练后，用酒精棉球擦拭完全身，竟然随手将棉球扔向了一旁——这随手一扔导致的错误不可挽回。

酒精棉恰巧落在了炽热的电热器上，火苗一下子就蹿了上来，烧到邦达连科的身上，并引起了大火。邦达连科被100%严重烧伤，当时他还能说话：“太疼了……请帮我……止疼……”

8小时后，24岁的邦达连科悲惨死亡，成为世界上第一个死于事故的未上天的航天员。

虽然遭遇挫折，但没有什么能够阻止苏联的太空决心。邦达连科死后两天，苏联又进行了一次“卫星式飞船”5号的发射试验，获得了成功。至此，苏联前后共进行了9次无人飞船试验，其中失败4次，成功5次。

而这一切，由于高度保密而为远在地球另一端的美国所知不多。

1961 年 4 月 8 日，苏联国家航天委员会决定发射载人的“东方”1 号飞船。直到 10 日晚，加加林才被确定为第一个上天的航天员，季托夫为替补航天员。

4 月 12 日拂晓，位于哈萨克大草原上的拜科努尔发射场竖起了白色的“东方”1 号运载火箭。清晨，加加林被医生叫醒，并吃了一顿特别的早餐。7 点 10 分，加加林被装进“东方”1 号飞船座舱，等待着对他来说生死难料的第一次太空旅行。

总指挥科罗廖夫坐镇指挥了当次发射，这让加加林很放心。10 日晚，科罗廖夫曾安慰加加林：“你是最幸运的。”

9 点 7 分，火箭点火发射，火箭的加速度使加加林承受着 5 倍的重力，他说话困难，因为脸部肌肉被拉得太紧。2 分钟后，加加林升到一定高度，“突然发现云没了”。当飞船达到预定轨道时，火箭关机，加加林看到了地平线、星星、黑色的太空。“东方”1 号飞船按预定程序同火箭分离，进入轨道，载着加加林快速掠过苏联、印度、澳大利亚、太平洋。44 分钟后，飞船开始调整姿态，准备返回。78 分钟后，返回制动火箭点火，飞船准备着陆。距地面 7 千米时，加加林连同坐椅被弹射出来。在 4 千米高度时，他又被从坐椅中弹射出来，乘降落伞徐徐降落在一块柔软的耕地里。当地一位正在干农活的农妇看到了整个降落过程，惊讶得半天说不出话来。

加加林代表人类成功完成了第一次太空之旅，从发射到着陆，历时 1 小时 48 分钟。这 1 小时 48 分钟为他的余生镀满了金。

苏联的小狗的宇航服

加加林的出身及政治面貌堪称完美。1934 年他出生于苏联莫斯科西边的格扎茨克，1951 年成为光荣的冶金工人并在工学院学习，业余时间他一直学习飞行。1955年毕业后加加林便加入了苏联空军。两年后，加加林成为试飞员。1960年，体格健硕、根正苗红的加加林被选为航天员，而后被选为太空旅行第一人。1961年4月12日，加加林在108分钟内，绕地球轨道运行了4万千米，成为人类历史上第一个飞上太空的航天员。

加加林安全落地后，大量的勋章和荣誉向他飞来，重要的包括：列宁勋章；苏联英雄；苏联航天员（这个称号似乎有点多余）；最高苏维埃代表；苏联—古巴友好协会理事主席以及到处以他名字命名的街道……然而，加加林的结局并不完美。

人类第一个宇航员——尤里·加加林

1968年3月27日，不幸降临到加加林身上。这天，加加林驾驶一架"米格-17"教练机起飞进行例行飞行训练，由于天气恶劣和其他莫名的原因，座机直直坠地，加加林和教员谢鲁金不幸牺牲。加加林死后，其骨灰被安葬在克里姆林宫墙壁龛里，与斯大林长眠在一起。

至于加加林事故的具体原因，苏联后来的领导人勃列日涅夫禁止公布。他规定调查人员不得发表总结性结论，理由是它危及国家安全。不久，苏联坦克开进捷克斯洛伐克，摧灭"布拉格之春"，加加林死亡事件被沸沸扬扬的军事事件掩盖，渐被遗忘。

科罗廖夫和加加林在一起

不过苏联解体后，各种关于加加林死亡的"理论"浮出水面，它们都很有想象力，也有可能性，在此总结，仅供娱乐：

一种理论认为太空飞行成功归来后，加加林难以适应一夜成名的生活，成了一名酒鬼，飞行时他和教员谢鲁金喝得酩酊大醉，不辨东西，飞机因而失控坠毁。

一种理论说加加林遭遇外星人，他本人在坠机后幸存，1990年死于苏联一家精神病院。

一种理论认为同机的教员谢鲁金出于妒忌杀了加加林，然后自杀。

一种理论说加加林策划了死亡假象，随后进行了外科整容，逃遁国外。

一种理论认为苏联领导人厌倦了加加林日甚一日的风头，谋杀了他。

一种理论说加加林的飞机被美国中央情报局击落。因为当时在明处是美国宇航局与苏联航天部门竞争，在暗处则一直是美国中央情报局与苏联克格勃之间在斗争。他们无时无刻不想让对方的宇航员（航天员）出丑……

此时，苏联仍然保持着令人生畏的航天优势。

这主要表现在：1963年6月16日，苏联将第一位女航天员瓦莲京娜·弗拉基米罗芙娜·捷列什科娃（Valentina Vladimirovna Tereshkova）送上了太空，根红苗正的捷列什科娃在太空待了三天。捷列什科娃一介女子在太空飞行的时间，比美国“水星”计划中所有男爷们的总和都长。这让美国人情何以堪啊？

平凡的捷列什科娃落地后，马上成了一位不平凡的妇女，各种奖励、奖章、称号向她涌过去。她开始周游世界，先后成为11个城市的荣誉市民……不过，捷列什科娃也确实不容易，因为在太空中女性的生理问题实在不好解决，这不是一个好解决的问题，第二位上太空的妇女直到1982年才出现。

只能说，捷列什科娃同志，你辛苦了！

苏联又一次世界第一的纪录，再次让美国感受到了苏联航天力量的强大。

同时期的美国，要发挥到极限才做到的事，苏联却轻而易举地就做到了。

第七节 登月失败

如前所述，苏联在发射人类第一颗人造地球卫星之后，又开始了神奇的深空探测之旅，发射了一系列月球、金星、火星等探测器。虽然一直没有明说，但苏联航天总指挥科罗廖夫的一个隐秘的目的，就是要载人登月。从前面苏联接连不断的月球探测中，我们可见一斑。

美国的“阿波罗”飞船和苏联的“联盟”号飞船在太空对接

不过，此时苏联开始遇到麻烦。

首先，科罗廖夫病重，苏联航天事业失去主心骨，固有的国家技术体制弊端开始浮现。

其次，美国人细腻的科学技术体系，开始在航天事业中凸显作用，后发优势出现。美苏的航天力量开始发生变化。

1969 年 7 月，美国宇航局成功登月，彻底击碎了苏联人脆弱的登月幻想。事实上，苏联的载人登月计划一直不怎么坚定，也不怎么明朗，直到

20多年后才被外界证实。

1989年，美国麻省理工学院和加州理工学院的几位教授访问苏联，在莫斯科亲眼见到了当年苏联登月计划的一些设施，才确信了苏联也有载人登月计划。而据分析，苏联之所以没有登月成功，主要原因还是缺乏像美国“土星”5号那样稳定的大推力火箭。

苏联只能一方面继续着自己密集的无人登月活动，同时将重点转向太空站，另一个新的航天器。

从1958年至1976年，苏联共发射了24个“月球”系列探测器，其中18个完成探测月球的任务。在美国的阿姆斯特朗成功登月，破坏苏联美梦之前，苏联共发射了15个“月球”号探测器。

阿姆斯特朗带回月球岩石之后两个月，据苏联宣称，苏联发射了“月球”16号并成功着陆月球，用钻头采集了120克月岩，装入回收舱带回了地球。

苏联最后一个“月球”24号探测器于1976年8月9日发射，钻采带回了170克月岩样品。至此，苏联对月球的无人探测也宣告完成，苏联的载人登月计划因美国率先登月而终止。

苏联的载人登月虽然胎死腹中，但其无人探测成就，极大地鼓励了无人探测取样的、新的航天思路。

现在有很多专家，坚决反对人类重返月球、反对载人登陆火星，因为新的科学技术（自动探测机器人）的发展，甚至已经可以超越宇航员了。载人登陆外星球，风险极大。在现阶段，象征意义大过科学意义。

第八节　人类第一座太空站

对“太空站”这个概念的描述，至少可以追溯到1897年。当时的德国科幻作家拉塞维茨认为“太空站”是太空旅行的关键。

德国“火箭之父”奥伯特在1923年所著的《飞往星际空间的火箭》（By Rocket into Planetary Space）一书中，十分具体地发明了“太空站”这个词，并夸张地描述了太空站的用途：

> 太空站依靠配备其上的仪器，可以看清地球上的细节。夜间可以看见蜡烛，白天可以看到镜子反光。它能确保船舰与陆地的通信。能发现冰山，并向船只发出警告。若有太空站，就可以避免1912年的“泰坦尼克”号灾难……

1929年，一位名叫“诺丹”的奥地利工程师描述了太空站的外形及构造。他认为太空站应该采用古典的转轮外形，缓慢转动以产生人造引力。同时，它将用巨大的镜子，将太阳光会聚到锅炉管道上，产生蒸汽，驱动蒸汽发动机，以提供电能……科幻电影《2001太空奥德赛》中的轮状太空站，显然就是受诺丹的影响。

20世纪60年代末到70年代初，美国宇航局正全心全意为登月服务，而苏联人看到美国国旗插上月球之后很痛苦，痛苦之余他们另辟蹊径，设想建造一个能长时间停留在太空的东西，或许能让美国人怕一怕。于是他们将主要人力、物力投入到太空站的建设上，并把太空站作为自己的一项基本国策。

苏联人认为，能够长时间留在太空的太空站，可以保证航天员在太空长时间工作和生活，完成大量人造卫星和宇宙飞船不能完成的工作，比如，执行军事侦察、预警、导航和通信等。同时，太空站还是实现“太空工厂”“太空移民”的基础。

当时，全世界的人都被美苏的种种太空成就迷惑了，都以为人类很快就要开办“太空工厂”，进行“太空移民”了，再不进行太空站建设就要落伍了。苏联人也身处在自己营造的迷惑之中，苏联领导人勃列日涅夫甚至说：“苏联科学界认为，建造航天员轮流居住的太空站是人类进入太空的途径。”

在太空站发展道路上，苏联较理性，他们采取的办法行之有效。他们先是发射了五座“礼炮”号（Salyut）“试验性太空站”，在取得了基本的技术和经验后，他们又发射了两座“礼炮”号“实用性太空站”，然后在这两个阶段的基础上最终建造出了“和平”号“多模块长久性太空站”（Mir space station）。

苏联的太空站

苏联的太空站设计原则是充分利用当时的成熟技术，强调简单性，以缩短研制时间，降低风险。所以，“礼炮”系列太空站大量应用了“联盟”号（Soyuz）宇宙飞船的技术。

1971 年 4 月，苏联用巨大的“质子”号（Proton）运载火箭，把世界上第一个太空站——“礼炮”1号发射上天。此后，苏联又根据不同目的，将太空站改制成军用和民用两种。不幸的是，“礼炮”1号三位航天员在返回地球时因“联盟”号飞船密封舱出现奇怪故障而在氧气泄漏后的真空中死亡。事故发生后，“联盟”号飞船全部停止飞行，留在轨道上的“礼炮”1号也于当年10月坠入大气层。

从“礼炮”1号到“礼炮”5号，太空站仅有一个对接口，即每次只能对接一艘宇宙飞船。苏联科学家后来才醍醐灌顶，意识到“礼炮”1号到“礼炮”5号只有一个对接口太愚蠢，于是构思出两个对接口。因为一个对接口意味着人和货物要共处一船，没有比这更麻烦的了。

俄罗斯“联盟”号飞船正与国际太空站对接

1977年9月29日，苏联发射了具有两个对接口的“礼炮”6号。这样，运人、运货就可以分开了。运人的且不必多说。苏联为了运货，专门开发了“进步”号（Progress）货运飞船，这是在“联盟”号飞船的基础上改制的，一次可为太空站送去两吨的货物，包括用于提升太空站高度的燃料，这样就延长了太空站的使用寿命。

一般情况下，“礼炮”6号太空站的轨道高度若保持在250千米，则每年消耗的推进剂是4 750千克；若轨道高度在350千米，则推进剂每年只需要600千克。1982年4月，玩上了瘾的苏联，又发射了第二座实用性太空站——“礼炮”7号。当时，苏联在太空站技术方面已处于完全的领先地位。

不过，“礼炮”系列太空站的缺点也很明显，那就是分系统不够，一旦出现重大故障，整个太空站都会玩完。而且“礼炮”系列太空站常常遭到忌妒的美国人的冷嘲热讽，比如，“礼炮”2号太空站上竟然装备防空火炮……于是，“多模块组合式太空站”的构思又在苏联科学家脑袋中应运而生。

“多模块组合式太空站”的每个舱段都有独立的电源和控制系统，因而比较灵活，安全系数较高，功能也比上一代太空站强。“多模块组合式太空站”以大名鼎鼎的“和平”号太空站为代表。

1986年2月20日，苏联开始建造世界上第一座“多模块组合式太空站”——“和平”号太空站。“和平”号也因而成为20世纪世界上质量最大、技术最先进、运行时间最长的太空站，在轨道上工作了15年。

“和平”号太空站有6个对接口，全长87米，总质量123吨，轨道高度300~400千米。为支持“和平”号太空站的运转，苏联每年要向它发射2~3次载人飞船，5~6次货运飞船，补给物品达10~12吨。前后共有104名宇航员在太空站工作过，其中包括42名俄罗斯宇航员，7名美国宇航局的宇航员和其他来自英国、法国和德国等国家的宇航员。“和平”号太空站上的宇航员共进行过78次太空行走，共计352小时。其中，太空行走时间最长的是航天员阿纳托利·索罗约夫，他一共进行过16次，共77小时。

“和平”号太空站是苏联的第三代太空站，也是世界上第一个多舱太空站。“和平”号的修建和运行耗资相当巨大。根据后来成立的俄罗斯航天局提供的数字，“和平”号的修建和维护费用已经达到42亿美元，这对苏联（俄罗斯）来说是个十分巨大的数字。基本上来讲，“和平”号生

苏联“和平”号太空站

不逢时，刚满5岁就赶上了苏联解体。杂乱无章的经济改革使俄罗斯经济陷入困境，不得不大大削减花费高昂的航天开支。1995年，俄罗斯的民用航天预算仅为4亿美元，而美国宇航局当年的经费是它的35倍。俄罗斯一度穷极了。为“和平”号太空站补给的飞船运到发射场时，飞船上的一些食品常常“不翼而飞”。“和平”号太空站不得不为五斗米折腰，被迫与国外航天部门合作，以争取外援，维持生存。

尽管道路坎坷，15 年来，“和平”号仍然完成了 24 个国际性科研计划，进行了 16 500 项科学实验。不过，“和平”号服役 15 年间也发生大小1 500 次故障。

1997 年是“和平”号的倒霉年，连出几个大事故。先是火灾，继而与“进步”号飞船碰撞，最后是中央计算机失控。这些事故使“和平”号遭到了致命的损伤，俄罗斯因为资金问题又难以对其进行彻底维修。一时间，俄罗斯处于“和平”号太空站是废还是留的十字路口。美国宇航局的高级发言人则站着说话不腰疼，说是否坠毁“和平”号应由俄罗斯人自己决定。“和平”号的技术状态确实在恶化。

2000 年 6 月，“和平”号上最后一批宇航员返回地球，返回前他们还指望有下一个机组接替，甚至留下了欢迎他们的盐和面包，14 吨来自 27 个国家的科学仪器也未卸走，全成了“和平”号的陪葬品。

2001 年 1 月 27 日，“进步”号飞船成功地与“和平”号对接，给“和平”号注入了坠毁所需的燃料，像是给一个犯人注射毒液，执行死刑。

2 月 7 日，俄罗斯共产党领导人久加诺夫发表致普京的公开信，认为美国的导弹防御计划使俄罗斯有必要保留“和平”号，以维持超级大国的地位。

2 月 8 日，200 多位科学家、航天员在莫斯科市政大厅前示威。他们认为“和平”号还可以工作到 2004 年，他们反对俄罗斯加盟美国宇航局倡导的“国际太空站”，认为俄罗斯在“国际太空站”上完全被利用了。

2 月 20 日是“和平”号的 15 周岁生日，100 多位科学家、航天员和其他人来到俄罗斯航天局门前抗议销毁“和平”号，但俄罗斯航天局无人出来应答。28 日，航天员干脆到科罗廖夫飞行控制中心和俄罗斯航天局局长科普杰夫面对面争论，要求保留“和平”号。科普杰夫说，抗议者若是在1996 年和 1997 年呼吁保留“和平”号就好了，但现在太晚了。因为俄罗斯政府要偿还外债，只能削减航天预算，保留“和平”号有心无力。

3 月 15 日，俄罗斯《真理报》传出消息，说美国加州一家公司想拉“和平”号一把，要出 1 亿美元租用“和平”号作为新的卫星通信系统。

据说3月6日，俄罗斯宣布推迟销毁“和平”号就与此有关。但《真理报》在苏联解体后常常刊登与“真理”完全不符的消息，此消息让俄罗斯人白高兴了一场。

就在俄罗斯为“和平”号的坠毁而举国悲伤的时候，美国的一家宇宙旅游公司正兴致勃勃，兜售“包机前往南太平洋观看‘和平’号坠毁全过程”的飞机票，费用是6 500美元。很多宇航迷们参加。

2001年3月23日，“和平”号解体，坠落在南太平洋。

美国那家宇宙旅游公司也在同一天派出飞机，在预定坠毁地点以南300千米处的万米高空组织观看。宇航迷们在空中看到一个白色的长弧，接着它就分裂成一个个单独的部分，坠入太平洋……

伴随“和平”号的解体坠落，苏联时代的太空优势几乎消失殆尽。

第九节　最后的航天飞机

1928年，有战争狂人潜质的奥地利工程师尤金·森格尔，构想了一架以火箭为动力的“环球轰炸机”。尤金·森格尔设想利用固体火箭使飞机起飞，然后再用推力更大的液体火箭使飞机升高，使它加速到2 500千米/时，再靠大气层反弹，进行滑翔飞行。他认为这种飞机的航程至少可达两万千米，是地球周长的一半，可以轻而易举地从地球一端飞到另一端，实现全球轰炸。1938年，森格尔把他的设想绘成了草图。

登月成功的美国，被苏联人吓怕了，随后马不停蹄，开始构思“航天飞机”（Space Shuttle）这一可重复利用的航天器。

1981年4月12日，在苏联航天员加加林上天20周年之日的凌晨7点，美国宇航局第一架航天飞机“哥伦比亚”号，静静地竖立在肯尼迪航天中心的发射场上，等待发射。

这刺激了不甘落后的苏联。

美国研制航天飞机的“绝妙想法”不胫而走，一时间苏联、法国、英国都吵着嚷着也要进行航天飞机的研制，以烘托气氛。中国在 20 世纪 90 年代甚至也曾动过建造航天飞机的念头，差点放弃了宇宙飞船的研制。

法国、英国是否真的做了航天飞机的研究工作，我们不得而知，因为他们至今也没有拿出什么航天飞机模样的东西来。倒是苏联当了真，斥巨资研制成功了它的航天飞机——“暴风雪”号。

在目前人类历史上，总共出现过七架成型的航天飞机。其中美国六架，分别是：“企业”号、“哥伦比亚”号、“发现”号、“挑战者”号、“亚特兰蒂斯”号、“奋进”号。苏联一架，即“暴风雪”号(Buran)。

苏联制造的航天飞机——“暴风雪”号（右）

苏联的航天飞机计划开始于1976年。当时一方面苏联是为了应美国咄咄逼人的航天飞机计划，另一方面，彼时的苏联太空站貌似也需要比较好的运输方式。1988年11月15日，苏联“暴风雪”号航天飞机研制成功，进行了首次发射。这次发射是一次不载人飞行试验，也是可怜的“暴风雪”号唯一的一次飞行。

苏联的“暴风雪”号航天飞机不仅在外形上与美国航天飞机极其相仿，而且在性能上也同美国航天飞机极为相似。对此，美国宇航局科学家指责苏联偷了他们的技术，而苏联人则矢口否认，他们说：“纯粹是空气动力学原理的最优化需求，让他们不约而同，走到了一起……”

一些比较中立的科学家则指出，有美国航天飞机做样板，苏联不可能不加以借鉴，不过这种技术上的借鉴是完全正当的，美国人没理由指责，而且苏联的航天飞机有很多创新之处，有很多比美国航天飞机更优秀的设计。比如，苏联航天飞机起飞推力更大，它的计算机自动操作也非常先进，可以无人驾驶、自动着陆……这些都令美国人瞠目。

1988年“暴风雪”号航天飞机成功试飞后，它便开始倒霉。苏联开始动荡解体，后继者俄罗斯的经济急剧恶化，“暴风雪”号遭搁置。

后来，它一度成为旅游景点，现在它已遭废弃，偶尔有一两只狗会跑进去撒尿。有报道说该航天飞机已被德国一家博物馆买去。

“暴风雪”号——一个很有悲剧色彩的名字，标志着苏联航天的优势被消耗殆尽。

第十节　向更遥远的宇宙进军

如前所述，苏联第一个尝试发射了月球探测器、金星探测器、火星探测器，这是一种向更遥远的宇宙进军的宣言。现在看来，这种深空探测很有意义，甚至比载人登陆还理性。只可惜，总体而言，苏联失败的比较多。

苏联的金星探测

苏联对金星的探测计划是何时开始酝酿的？是何目的？因为资料缺乏，我们不得而知，但苏联豪情万丈，第一个尝试发射金星探测器却是事实。然而，往金星、火星发射探测器可不容易，其难度不亚于从香港把高尔夫球打到莫斯科，一杆进洞。这很需要勇气与智慧。

苏联“人造卫星”7号

1961年2月，苏联发射了“人造卫星”7号，目标直指金星，但这家伙为了长途旅行，锅碗瓢盆准备太多了，近7吨重，在太空点火推进失败，废在了地球轨道上。

仅仅过了8天，苏联又发射了“金星”1号探测器。该探测器是非常正式的金星探测器，为了提防金星表面可能存在的沼泽或海洋，它甚至配备了漂浮救生衣。不过，该探测器在快到达金星时，失去了联系。

1962年8月25日，苏联的“人造卫星”19号发射，并试图到金星上着陆，但是它殒命在地球轨道上。

1967年6月，苏联发射了“金星”4号，创纪录地成功着陆金星表面。虽然探测器外表包着一层很厚的耐高温壳体，但它还是被金星巨大的气压和炽热的温度瞬间损毁，未能发回金星上的信息。

1970年8月，苏联又发射了“金星”7号，再次在金星软着陆，第一

苏联的金星探测器

在金星着陆的苏联“金星”4号

次测得金星表面的温度为447摄氏度，热得足以熔化铅；气压为9 117千帕，能把人瞬间压扁，是个十足的地狱。可见，要想在金星上顺利驻足，探测飞船必须要像潜水艇一样坚固，同时又要有很强的空调制冷设备。

由于技术条件制约，苏联和美国一直踩着失败对金星进行探测。细算起来，截至今天，美国宇航局共组织过10次对金星的探测，而苏联进行了32次，欧洲航天局进行了1次。

总体上来讲，苏联获得了较多的成果，属于百折不挠型，至少它曾经着陆过金星。不过，苏联的金星资料我们很少看到。

美、苏两国的金星探测，让我们知道了这颗行星的大气成分：其中96%是二氧化碳，这导致了金星严重的“温室效应”。

苏联的火星探测

历史演进到第一颗人造地球卫星发射之后，人类有了探索火星的可能，率先对火星图谋不轨的仍然是自恃火箭威力巨大的苏联。

20世纪60年代，像探测金星一样，苏联往火星发射了非常多的探测器，多得让人目不暇接，更让人怜惜，因为苏联的火星任务几乎每次都失败。1960年10月1日，苏联为了抢夺率先探测火星的纪录，试图向天空中的红色行星发射一颗探测器——“战神”1号，但是发射失败，随后的“战神”2号也发射失败。接下来，准备飞往火星的“人造卫星”22号也失败，“火星”1号失败，“人造卫星”24号失败……

另一方面，美国宇航局对火星的探测开始于1964年，它落后于苏联，但却取得了成功。美国宇航局在金星上没能竞争过苏联，但在火星探测上找到了平衡。

1964年，苏联又往火星发射了“探测器（Zond）”2号，结果失去联系，再次失败。第二年7月“探测器”3号发射，本来计划飞往火星，但是到达火星的最佳时间已经错过，它只好先飞过月球轨道，然后自生自灭去了。

1969年3月和4月，苏联又发射了两个探测器“火星1969A”和“火星1969B”，结果还是失败。

1971年5月10日，苏联发射了一个不知名的火星探测器，这一次它又出现了问题，在太空点火失败。随后苏联矢口否认该探测器是飞往火星的，并为该飞船取了一个模糊而遥远的名字——“宇宙”419号。

同年的5月19日、28日，苏联发射了“火星”2号、3号。这两个探测器很先进，因为它们上面有着陆器，希望能着陆火星。苏联当时的战略态度是虽然总失败，但一旦成功便将扬名世界。这叫“不鸣则已，一鸣惊人”。“火星”2号着陆火星后失踪，具体情况不明，可能恰巧坠落到了火星沙尘暴中心。“火星”3号携带的着落器，踉踉跄跄飞入火星大气层，在火星上弹跳着陆，接着撞上了岩石或火星上某个凸出物，“火星”3号失忆了，忘记了自己来火星是干什么的……两个探测器也归于失败。

1973年，苏联甚至还没找到道儿。这一年，它又发射了四个“火星”系列探测器，但均遭失败。失败是成功之母，这句安慰在苏联的火星探测上没有丝毫作用，老天爷似乎很不喜欢苏联人的火星探测器。1988年，苏联又发射了最后两颗探测器，也同样归于失败。

苏联共发射了 18 颗火星探测器。

之后，苏联解体，苏联（俄罗斯）一直到 2011 年，再也没有触碰过火星，它似乎“五行缺火”，与火星八字不合。

苏联（俄罗斯）出版了很多书，回首那段痛苦的火星探索岁月。V·G·帕米诺夫就是其中一位，他是苏联火星、金星探测器的主要设计师，他在一本名叫《通往火星的坎坷之路》的书中，讲述了苏联在火星上匪夷所思、数量惊人的失败。他让我们知道了金属是怎样浪费的，当然这不是一般的金属，每颗探测器都远远贵过同质量的黄金。

火星是苏联的噩梦，同时苏联也是火星的噩梦。

美国宇航局科学家一直怀疑苏联派往火星的探测器根本没有好好消毒，极可能已经把地球上的细菌、病毒带到了火星。它们可能污染了火星，会改变火星生命的演化进程，亿万年后，那里没准儿会因此出现火星生命……“因果”也许就是这样的奇妙与不可预料。也许此刻写作的我、此刻阅读的您，也是源自某个星球的外星人，他们忘了给他们的地球探测器消毒，它们的细菌或病毒演化成了今天的我们。

美国和苏联之所以密集地探测火星，是因为那时候火星上到底有没有生命仍然是一个谜，两个国家一直想弄清楚。

2011 年，苏联的最大继承者——俄罗斯再次试图往火星发射“福布斯”火星探测器，最后还是失败。这次还把中国的一颗火星小卫星带向了不归路。

……

通过本章的描述，我们不难看出，苏联为人类航天事业作出了极大的贡献，这种种的贡献，至今都难以在俄罗斯身上再现，因为这是奇迹。

当然，我们也要反省苏联，同样是发展高尖端的航天科技，为何美国航天能促进美国经济的发展，而苏联航天工业部门则把苏联的经济拖垮？

曾任苏联太空研究所主任、现任美国马里兰大学东西方研究中心主任的萨格德耶夫说：“（苏联的）民用太空探索总是受制于军事航天项目，民用航天永远是军事航天计划的一个小弟弟，从而影响了民用航天的发展。例如，苏联向近地轨道发射首颗通信卫星的时间比美国晚了足有十年，在气象卫星等民用价值更高的航天器上亦然。在苏联，开展航天活动要看少数军事承包商的个人喜好。”

苏联军事承包商的个人喜好维系在畸形的政治讨好上。苏联对太空进行探索，最终是为了什么，他们没人知道。科罗廖夫也不知道，他只是实现自己单纯的太空梦想而已，而赫鲁晓夫则盲目追求“世界第一”的政治资本。

苏联没有明确的航天政府机构，哪怕让人民寄托自豪，也没有能够有效连接民用的公司。苏联开发的新技术，往往都“严格保密”了，不像美国那样积极地转移到民间。苏联从人民那里征收的钱开发的新技术成了禁脔，不能用到民众身上。

苏联人民除了心头一热、两眼一湿、民族自豪感油然而生又油然而去，几乎得不到任何实质性的好处，反而继续贫困下去。

为了追求世界第一，苏联浪费了太多的资源和能源，而这些本可以用来改善民众的生活。从那些苏联解体后倒闭或濒临倒闭的航天工厂，就可见一斑。曾经不可一世地制造航天器的工厂，被迫改行生产“尿不湿”等紧缺生活品。

这不能不说是一个国家、一种制度的遗憾。

第五章

谢尔盖·科罗廖夫列传

昔者，舜发于畎亩之中，傅说举于版筑之中，胶鬲举于鱼盐之中，管夷吾举于士，孙叔敖举于海，百里奚举于市。故天将降大任于斯人也，必先苦其心志，劳其筋骨，饿其体肤，空乏其身，行拂乱其所为……

前面，我们已经提到了苏联航天专家谢尔盖·科罗廖夫，他是苏联航天的灵魂人物。他曾是“古拉格群岛”的劳改犯，人生经历颇为传奇。

苏联背后的神秘力量——科罗廖夫

1935年，苏联航天之父齐奥尔科夫斯基病逝，科罗廖夫也开始倒霉。1938年，受苏联肃反运动波及，科罗廖夫被逮捕，被发配到西伯利亚的古拉格集中营。那里的苦役生活苦不堪言，年轻的科罗廖夫受尽折磨。他得了败血症，牙龈出血，牙齿几乎掉光，下颏被打裂，濒临死亡。直到1945年，冯·布劳恩制造出V-2火箭，前线需要专家来鉴别V-2，科罗廖夫才重获自由。

赫鲁晓夫曾在书里这样描述

科罗廖夫：

科罗廖夫报告他的工作。我不想夸张，但我必须得说，当我们呆呆地看着科罗廖夫给我们展示的新东西时，我们就像一群绵羊第一次看见了一扇新大门一样。当他给我们展示他的第一枚火箭，我们看它就像一根巨大的雪茄，我们无法相信它会飞。科罗廖夫带我们去参观发射架并努力向我们介绍火箭的工作原理。我们就像商场里的一群农民，在火箭四周转来转去，触摸并敲击它，想搞清楚它是不是足够坚固——我们什么洋相都出了，就差舔舔它是什么味道了。此时，我们完全相信科罗廖夫同志。当他告诉我们他的火箭不仅能飞，而且能飞 7 000 千米时，我们相信了。当他详细说明或是为自己的观点辩护时，你能看见他的眼睛里燃烧着的热情，而且他的报告始终是清晰明了的典范。他有无穷的活力和决心，他是一位有才华的组织者。

赫鲁晓夫非常关心苏联的载人航天

航天史上的多项世界纪录证明，只要有科罗廖夫，美国航天就不会很顺利。科罗廖夫不仅主持发射了人类第一颗人造地球卫星，还亲自敲定了苏联的航天员，开发了苏联的宇宙飞船。1961 年 4 月 12 日，他亲自将人类第一位航天员——加加林送上太空。一时间，举世震惊。

科罗廖夫永远不会给美国人喘息的机会，他亲手拉开了人类探测地球之外、太阳系其他星球的序幕。接下来，科罗廖夫又指挥了人类第一次太空行走、人类第一位女航天员、筹备人类第一个太空站……科罗廖夫一个个实现着自己的梦想，保持着苏联在太空第一的位置。

当然，在这个过程中，科罗廖夫也没有给自己喘息的机会。由于过度劳累，他在古拉格服苦役时遗留下的病根开始发作了——他的心脏开始不堪重负。此外，由于他长期辛苦地工作，他得了貌似痔疮的肠道肿瘤。

1966 年 1 月，60 岁的科罗廖夫突然在医院中病逝，官方说法是科罗廖夫的肠道中出现了癌症肿瘤。然而，据一名科罗廖夫的朋友披露，科罗廖夫是在做痔疮手术时，因为醉酒的医生失误而白白送命。

苏联航天员费奥克季斯托夫博士这样称赞科罗廖夫：

> 他最大的特点是精力异常充沛。他用这种力量感染着周围的人。他是个果敢的人，很多时候又十分严厉。科罗廖夫是一块冷漠、理性、压力和幻想的合金。

科罗廖夫死后，苏联的太空计划陷入迷茫，而美国的航天优势则开始绽放，他的劲敌冯·布劳恩开始有机会迎头赶上。

1967 年，美国宇航局的“水星”计划（Project Mercury）、“双子星”（Project Gemini）计划圆满完成，“阿波罗”登月计划开始实施，冯·布劳恩的“土星”系列大推力火箭也研制成功。

科鲁廖夫出现在 1969 年苏联的邮票上

1969 年 7 月 21 日，“阿波罗”11 号宇航员成功登月，实现了冯·布劳恩的梦想，实现了美国人的梦想，也替科罗廖夫实现了梦想。

从某种意义上讲，整个美苏的太空竞赛就是科罗廖夫与冯·布劳恩两个火箭牛人之间的战争。今天，科罗廖夫一手研制的“东方”号系列火箭仍在使用，而冯·布劳恩主持研制的“土星”火箭却进了博物馆，连设计图纸也丢了。

第六章
美国航天本纪

因为美国航天之父罗伯特·戈达德（注：详见第二章第二节）单枪匹马的存在，美国一直是传统的航天强国，甚至可以说是世界第一，各种火箭研究齐备，但都是比较独立，缺乏统一组织和特别重视……就因为一时间的安逸，美国的航天技术一度落后于“二战”前极度发展军事的纳粹德国。

好在这个国家具有极强的反省能力，在发现了纳粹火箭的 V–2 导弹之后，它马上意识到了这种武器的先进性。

第一节　卷走德国一流火箭专家

1945 年春夏交接的一天，幽蓝的夜色刚刚笼罩在破败的德国土地上，一辆火车就按捺不住兴奋的蒸汽，向西狂奔。这列火车装载着对后世美国太空事业影响巨大的人物——冯·布劳恩等人和剩余的 V–2 导弹。

如前所述，美国很幸运，抢得了德国火箭科学家中的精英，其中包括德国 V–2 火箭的高级研发者——冯·布劳恩以及数百枚没来得及飞上天的 V–2 火箭。而苏联则来晚了一步，只抢到了德国专家的家属、三流职员和残破的 V–2 火箭空壳。

1945 年 7 月，美国操作了“回形针”计划（Operation Paperclip），在冯·卡门和后来开创中国航天事业的钱学森等人的审问后，纳粹顶尖科学家和设备被全部装上火车，运到了美国。

美国通过“回形针”计划卷走了大量德国一流火箭专家

第二节　屡被苏联刺激

纳粹德国火箭专家作为“头脑财富”来到美国，但美国人始终对他们心存芥蒂，更有无数的美国人要求把纳粹遣返德国。伴随着战争的结束，自以为世界第一的美国又开始陷入一种轻轻的安逸状态。

美国政治家虽然开始准备围堵苏联，发动冷战，但根本不知道苏联对抗美国的决心有多强烈。直到 1957 年 10 月 4 日，苏联突然毫无征兆，率先发射了人类第一颗人造地球卫星。这让美国极度震惊，全国都开始反省。很多媒体开始讽刺美国政府。

卫星事件刚开始，美国总统艾森豪威尔确实没有意识到问题的严重性。

那些天，艾森豪威尔看了看“蛟龙夫人”（著名的 U–2 侦察飞机）拍摄的照片，凭借他以往的军事经验和受骗教训，他认为事情没有顾问说得那么严重，他试图恢复美国人的自信心。他举行了一个简单的记者招待会，他说：“苏联的成就并没有引起我们的忧虑和恐惧，一点也没有。”

“他们只是将一枚小球送上天，很快他们会送上去更多。”

艾森豪威尔为何这么镇定？原来艾森豪威尔有他自己的考虑，他此前曾被苏联重重地愚弄过一次，他不想有第二次，他要看清楚、想明白后才能作决定。

艾森豪威尔上一次被苏联愚弄是三年前的事了。三年前的国际劳动节，苏联举行了一次航展，在航展上展示了一架崭新的“野牛”远程喷气式轰炸机，这引起了专盯此事的美国大使馆空军专员的极大关注。那是一种新式轰炸机，速度和运力非常了不得，可以携带核武器。一年后，苏联又展示了 10 架“野牛”，两个月后又展示了 28 架“野牛”……该空军专员非常震惊，认为苏联的“野牛”已批量生产了，而中央情报局也添油加醋地报告说：“估计到 1960 年将会出现 800 架‘野牛’”——这对美国来说，简直太恐怖了。之后，美国参议员就开始叫嚷“轰炸机差距”，并盘问五角大楼和艾森豪威尔，最终迫使艾森豪威尔答应，追加 B–52 远程战略轰炸机的生产量，以回应苏联那么多的“野牛”。

然而，事实完全不是这样。美国空军专员看到的是苏联精心策划的一场骗局。航展中他看到的第一组 10 架“野牛”是真的，但是它们紧接着飞出了美国空军专员的视野，又重新飞回来冒充第二组、第三组，让该空军专员错以为共有 28 架。事实上一直到 1960 年，苏联才制造了 56 架“野牛”，而不是美国中央情报局预测的 800 架。苏联当时将真正的力量投入到了火箭与导弹的研制上，而不是轰炸机——这意味着艾森豪威尔被愚弄了。

有了这个教训，艾森豪威尔怎能不好好考虑一下头上的那一小块苏制铁球到底意味着什么，是不是又被骗了呢？

苏联卫星事件仅仅一个月后，即 1957 年 11 月 3 日，就在艾森豪威尔仍旧无动于衷的时候，苏联的第二颗人造地球卫星——“人造卫星”2 号又发射升空了。

这次的卫星不仅质量大增，而且卫星里还匪夷所思地塞进了一只狗。可怜的小狗叫“莱卡”，四天后死在太空。很显然，它是一只无辜的试验品。苏联把狗送上太空的终极目标是要把人送上太空，这是个很有挑战的想法。此外，多方面的情报显示，苏联可能还会登陆月球和火星，而把美国难堪地留在地球。

苏联率先发射人造卫星，率先发射卫星狗，这让以第一科技强国自居的美国开始受到打击。这在当时是件越想越大的事，大到影响资本主义世界的形势，大到不可理解。怎么能让一个小球或一只狗飞在自己头上呢？倘若这个小球或小狗是核武器，那就不是一般的危险了……为此，白宫顾问们越来越担心。苏联在太空的优势咄咄逼人，艾森豪威尔总统似乎该作出反应了。

随后的种种迹象也表明，苏联不是愚弄自己那么简单，也许白宫顾问们说得对，苏联有更远大的阴谋。将军出身的艾森豪威尔终于下定狠心，反击苏联的太空优势。他的态度很快来了个一百八十度大转弯。他断定苏联人造卫星事件是第二次“珍珠港事件”，不是第二次愚弄，美国必须要再发动一次“太平洋战争”，夺回主动权。

第三节　第一颗人造卫星发射失败

有了决心，艾森豪威尔命令当时在研究“人造卫星”方面有点名气的美国海军，尽快发射一颗人造卫星给大家瞧瞧。白宫随后向全世界宣布了这个消息，不过，美国海军瞠目结舌，因为他们还没准备好。美国海军没办法，只得在最短的时间内用推力仅为苏联火箭推力3%的小火箭，发射了一颗对美国别有意义的卫星——广告宣传中说它重9.8千克，实际上它只有1.36千克，像个柚子。

1957年12月6日，美国海军发射人员一本正经地赶到发射场，众目睽睽下点燃了他们的火箭——其实说“爆竹”更合适。据当事人回忆说：“火箭发射后就像地狱之门打开了，飞腾的焰火从火箭一边喷射而出，火箭踌躇了一下，开始颤抖，随后它就在我们的怀疑与震惊面前倾倒、爆炸了。”

好事不出名，坏事传千里。很快，全世界都知道了美国亦步亦趋、试图发射第一颗人造卫星并失败的好玩消息，他们送来了坏笑与讽刺：

《伦敦先驱者日报》说：“噢，一颗猛烈倒下的卫星。”

《伦敦每日快讯》说：“美国人叫它故障星。”

《路易斯维尔信使报》说：“一次成功发射也许全世界都能听到，但有时候哑弹会更响亮。”

《渥太华日报》说：“据专家说火箭没有飞离地面是因为它‘失去了推力’。这是转移注意力的措辞。失去推力是西方民主政治一直遭受的困扰。”

《丹佛邮报》说：“美国人民对美国的科学研究感到不安、怀疑、苦恼。”

《纽约先驱者论坛报》说：“也许有个柚子或什么东西飞在天上，华盛顿的人们就能恢复安静了。”

《巴黎杂志》说：“柚子上似乎有一条虫。”

参议员林登·约翰逊则悲叹道：“天哪，多久？噢，要多久我们才能赶上苏联的两颗卫星？”而讨厌的苏联驻联合国代表则扬扬得意，他们在

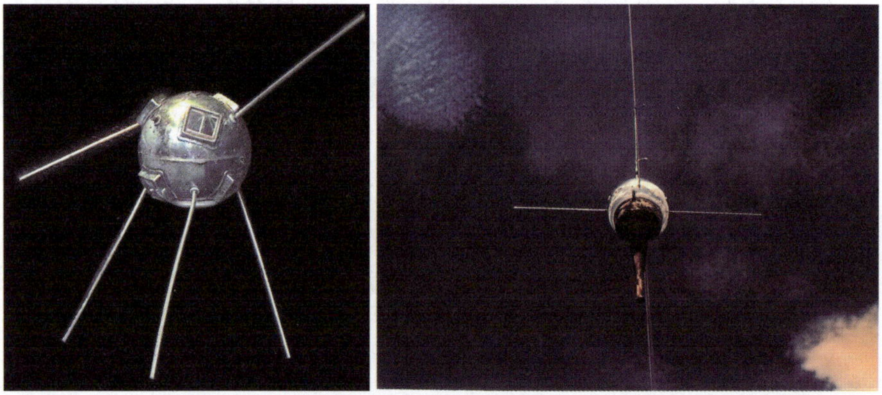

1957年，美国尝试发射卫星“先锋”TV3号，最后惨烈失败

联合国询问美国："是否愿意接受苏联的援助？苏联有向落后国家提供技术援助的计划。"

美国第一颗人造卫星发射失败，为美国带来的影响极为深远。不只军事、航天领域被震撼了，这件事还导致了教育界的改革。民主党人士开始把失败归咎于美国的教育太落后，不如苏联的教育有优势。随即各种批评文章比如《为什么约翰不能阅读》《今日苏联之内幕》如雨后春笋般出现。据美国人统计，1956 年苏联毕业了 7 万名工程师，而美国仅仅毕业了 3 万名。这一问题一经发现便不可忽视。1958 年，以资助自然科学、数学、外语教育为宗旨的"国防教育法案"很快通过，美国人希望能借此培养出若干个"冯·布劳恩"。冯·布劳恩是谁？笔者将稍后介绍。

而几乎与"国防教育法案"同时，另一项改变美国、改变全人类太空探索史的法案也在这个夏天通过了。

第四节　成立专门航天机构，奋起直追

1957 年 12 月美国第一颗卫星发射失败后，海军变本加厉，又搞了几次失败的发射，白宫和海军不得不三缄其口。艾森豪威尔表面上不愠不火，可他在办公室里独处时却气炸了肺。这一次他竟然被海军人士愚弄了。他不断思考到底是怎么回事，难道美国真的技不如人？是发射火箭的人做事不认真？他百思不得其解，却又必须要有一个比较合适的应对措施，他总要面对民众，面对现实。

经过调查，艾森豪威尔终于发现了问题的根本症结。原来，美国不是没有很好的科学基础，也不是技不如人，而是航天资源太分散，缺乏统一的组织与管理。

当时，全美国做航天研究的单位非常多，却彼此独立。比如，美国陆军俘获了德国纳粹火箭专家冯·布劳恩后，自认为自己最应该搞火箭，却

得不到信任。而美国海军虽然也在研发火箭，但却缺乏关键技术与人才，只能硬着头皮发射火箭，发射“哑弹”。此外，还有各种名目的航天实验室、导弹兵工厂、发动机公司、飞机公司、大学研究所、个人团体等，都在做重复而无统一性的工作。这样的“百家争鸣”“百花齐放”，肯定无法与苏联专制调配下的航天工业抗衡。

艾森豪威尔很快物色到了一个机构，认为可以在它的基础上进行重组，然后建立一个可以对抗苏联的专事航天的机构。它就是当时拥有43年历史的“国家航空咨询委员会”——一个只在了解它的人中享有盛誉的机构。

国家航空咨询委员会的标志

插播：国家航空咨询委员会

国家航空咨询委员会对美国贡献巨大，曾经为美国航空业的复兴力挽狂澜。1903年，自行车店出身的美国莱特兄弟完成了人类历史上第一次载人动力飞行，一时间美国被誉为世界航空业的发源地之一，但大多数美国人并不知情。他们不欣赏莱特兄弟的鬼发明。

略微熟悉航空史的人都知道确实有那么一批人，打死也不相信金属能浮在空气中。由于当时的美国只对制造坚船利炮感兴趣，郁闷的莱特兄弟只得经常到欧洲进行飞行巡演。欧洲人则表现出了与美国人完全不一样的态度，他们对飞机的喜爱出人意料，简直到了痴迷的程度。英国媒体《每日邮报》甚至为飞越英吉利海峡的飞行员设立1 000英镑的大奖。到了1914年，法国、德国、英国的飞机无论数量还是质量，都远远超过了美国。

直到第一次世界大战爆发时，军用飞机出现，并且生产量剧增，美国才幡然醒悟，提出了发展航空工业的“应急计划”。1915年美国国会通过决议，组建“国家航空咨询委员会”，以统一领导美国的航空工业，推进航空方面的研究。1917年，国家航空咨询委员会破土动工兴建了第一个飞机试验中心——兰利航空实验室。在国家航空咨询委员会的努力下，美国重新恢复了航空大国的地位。

不过，国家航空咨询委员会在美国的官僚机构中仍然是个二流的小组织，预算很少，跟华盛顿的关系也不近乎，甚至他们研究所需的飞机都是空军的二手货。不过，它成就斐然。1947 年 10 月，人类历史上的第一次超音速飞行：X-1 试验飞机的飞行，就是国家航空咨询委员会管理下的贡献。当然，此事也被美国宇航局屡屡纪念，这也属于美国宇航局的早期成就之一。

国家航空咨询委员会虽然以航空研究为主，但也有三分之一的研究内容是航天。

“没有比它更合适的了”，艾森豪威尔越想越高兴。他终于可以对民众有所交代了。1958 年，国家航空咨询委员会在新的形势下，开始担负起指导美国太空事业的使命。

1958 年 7 月 29 日，艾森豪威尔总统签署了万众期待的《国家航空航天法案》，以法律的形式确定了太空研究的计划、方向和目标。10 月 1 日，艾森豪威尔正式终止了“国家航空咨询委员会”，在其基础上宣布成立“美国宇航局(National Aeronautics and Space Administration，简称 NASA，也常译作美国‘国家航空航天局’，也有人标新立异译成‘美国航宇局’或‘美国国家宇航局’，总之，关于它的中译名实在有点乱，本文决定取其最美的名字)”。美国宇航局正式成立并开始运作，直接听命于总统，向总统汇报。就这样，一个专事航空航天的联邦政府机构诞生了，它将开始做很多大事。

美国宇航局的“肉丸子”标志

插播：美国宇航局及其下属十大中心

美国宇航局在行政上直属总统领导，由局长总体负责，局长相当于联邦政府部长。局长办公室由局长、副局长、局长助理、办公室主任、副局长助理、白宫联络官、局长助理的助理等人组成；局长参谋办公室由首席任务安全帮办、首席工程师、项目分析评估师、项目及制度综合管理帮办、总监察长等人组成；其他权要则包括：航空研究主任、探索系统主任、科学主任、太空操作主任四大主任，各研究中心主任，以及分管不同方向的任务支持办公室。其中，局长、副局长、监察长等，在总统更换时，一般应辞职或更换。

美国宇航局是在两个层次的基础上实施管理，即局总部管理和战略事务部管理。局总部对全局负有领导责任，负责协调宇航局的内外工作，执行美国宇航局的成本核算和对外联络，制定长远规划、年度计划等，制定宇航局的发展战略、长期投资战略、宇航局政策和标准，监督各研究中心的工作，检查工作进展和完成情况，执行国家批准的项目。

美国宇航局总部建有六个战略事务部（或曰办公室），分管美国宇航局的主要业务领域，以实现美国宇航局的任务和更好地服务于客户。它们分别是：太空飞行部（下属约翰逊航天中心、肯尼迪航天中心、马歇尔太空飞行中心、斯坦尼斯航天中心）；航空航天技术部（下属艾姆斯研究中心、德莱登飞行研究中心、兰利研究中心、格伦研究中心）；地球科学部（下属戈达德太空飞行中心）；太空科学部（下属喷气推进实验室）；生物和物理研究部和安全与任务保障部。

美国宇航局的每个战略事务部都有自己的一套战略目标和为满足主要客户需求的执行措施。战略事务部负责确定客户需求并确保所有客户满意。各事务部会同分管的副局长确定其工作方向，负责制定各事务部的长期投资战略、预算、资源分配和性能评估、政策和标准，执行美国宇航局的政策。

人情练达的第一任美国宇航局局长格伦楠果然厉害。在其任内，他促成了很多的太空探索计划，包括持续不断的月球探测计划、风格各异的卫星计划、载人航天前期计划。最重要的是，他帮助美国宇航局丰满了羽翼，让美国民众知道初出茅庐的美国宇航局，重要性堪比中央情报局。在艾森豪威尔和格伦楠的强力干预下，美国陆、海、空三军跟航天相关的单位，比如，海军研究实验室、陆军弹道导弹局、空军火箭发动机研究所等机构的航天部门，均被划归美国宇航局，同时，格伦楠还拿到了喷气推进实验室的控制权，逐步构建了今日美国宇航局的雏形。

在艾森豪威尔的支持下，除了极少部分侦察卫星、导弹火箭等军事计划外，格伦楠把大部分航空航天计划都装入了美国宇航局的大口袋，优化了美国国内零散的航空航天机构，同时也把美国最优秀的资源纳入旗下，并赋予美国宇航局在航空航天领域绝对的权力。同时，他从军方那里淘东西的举动，意在向世界人民宣布美国宇航局是一个民用航天机构，而非军事机构，表达了美国宇航局将为人类的和平与幸福而努力。

虽然格伦楠甚是聪明，但倒霉的他还是在 1961 年 1 月民主党籍总统肯尼迪入主白宫时被撤换。卸任后，格伦楠重新回到凯斯理工学院当校长，整理出版他的日记——《美国宇航局的诞生》，记录了他在美国宇航局不得不说的故事。1995 年 4 月，格伦楠在考灵顿养老院辞世。

就这样，艾森豪威尔完成了继诺曼底登陆后的又一个重大决定——缔造美国宇航局，在他认为第二次“珍珠港袭击”开始的时候。而美国宇航局注定要在那个时代，为开创人类的太空时代而努力运作。

美国宇航局成立后，天空看上去又与往日不一样了！

根据 1958 年美国的《国家航空航天法案》，为了优化、重组航天资源，国家航空咨询委员会被改组成美国宇航局。艾森豪威尔的主要目的就是结束推诿和低效率，集中一切能飞的力量，使美国尽快赶超苏联。根据美国总统艾森豪威

美国宇航局的“小蚯蚓”标志

尔1958年4月向国会宣讲的咨文，酝酿成立美国宇航局的主要目的如下：

1. 提高人类对地球和宇宙的认识；
2. 改进飞机的用途、性能、安全性和效率；
3. 发展能携带武器、设备和生物进入宇宙的飞行器；
4. 保持美国在航空航天领域的领先地位；
5. 向政府提供有军事价值或军事意义的研究成果；
6. 与其他国家合作，进行太空研究成果的和平利用；
7. 最有效地利用美国的工程力量，避免重复建设。

1958年，新组建的美国宇航局，原封不动地接管了原国家航空咨询委员会的8 040名雇员；每年1亿美元（1958年）的预算；三个主要的实验室：兰利航空实验室、艾姆斯航空实验室、刘易斯飞行推进实验室以及一些基础测试设施。

在艾森豪威尔的国情咨文中，美国宇航局成立之初的职责是“进行飞行研究，进行地球与宇宙的研究，或其他目的”。“其他目的”多是军事目的。现在，美国宇航局公之于众的职责是几行简洁的诗样文字：

美国宇航局执著于探索，
美国宇航局专注于发现，
美国宇航局努力寻找问题的答案。

肯尼迪航天中心附近的鹰

为了这个目标，遍布世界数以万计的人，用50年的时间，试图给出一些基本问题的答案：

宇宙深处有什么？
我们怎样才能到那儿？
在这探索中怎样才能使我们的生活更美好？

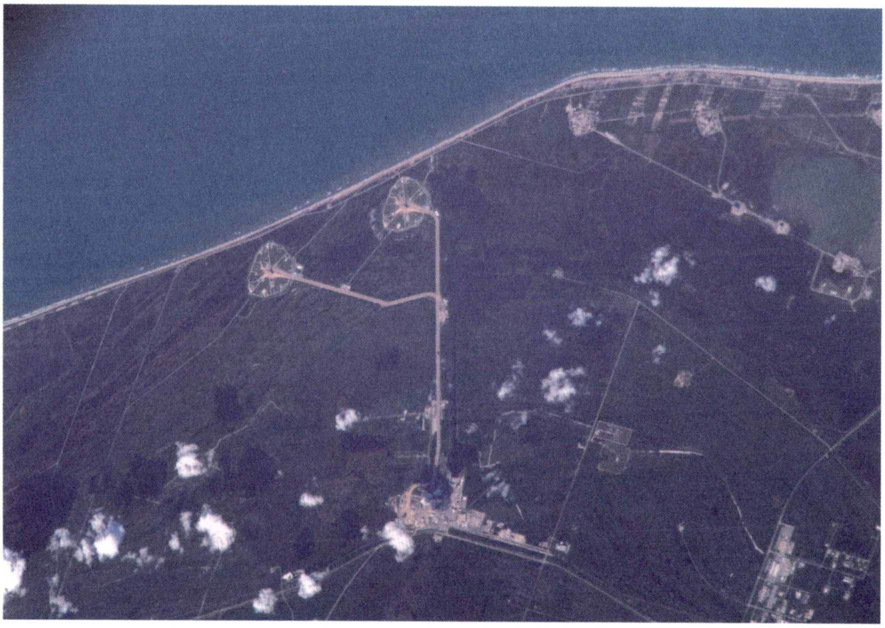

从国际太空站看到的肯尼迪航天中心

说得科学一点，美国宇航局的职责是：

扩展人类对宇宙的科学认识，在航空航天方面进行探索；
发展与改进航空航天飞行器；
创新科学技术，时刻保持美国的领先地位。

美国宇航局在成立之后便开始指导美国的太空计划，在其成立的头 20 年中，它执行并管理着下列主要太空计划：

1. “水星”计划，确认人类是否可以在太空中生存；
2. “双子星”计划，练习太空操作，为登月积累经验；
3. “阿波罗”登月计划；
4. 前往月球、金星、火星等星球的自动探测计划；
5. 研制航空飞行器，增加飞行效率和飞行速度；
6. 研制地球卫星、通信卫星、气象卫星等；
7. “天空实验室”计划——美国第一个太空站；
8. 研制可重复使用的航天飞机。

美丽的约翰逊航天中心

第五节　人造地球卫星领域的针锋相对

让我们的叙述再次回到苏联刚成功发射第一颗人造地球卫星那会儿。

我们知道，对于当时那种情况，美国人的第一反应是震惊；第二反应是追悔莫及——因为美国也有往太空发射个什么东西的打算，但结果是美国落后了；第三反应是美国也要发射人造地球卫星，现在就开始，而且越多越好，越大越好。

在苏联成功发射人造地球卫星之前，在火箭这种喷火的怪物面世之后，美国以及世界上很多国家的有识科学家，就对人造地球卫星这种新事物做过预言。美国科学家更是在1946年就预测，只要火箭的推力足够大，送一颗卫星到太空绝对是小菜一碟。

其实，很多国家都在做太空前景的预先研究，其中美国的预先研究最丰富，听起来也最先进，让人陶醉。比如，他们幻想把照相机放到卫星里的想法就很有前瞻性，很前卫，常常博得听众的热烈掌声。

可是1957年10月4日却宣布美国落后了，落后于苏联，落后于共产主义。后来，1957年12月6日，美国海军组织的第一颗人造卫星发射失败，似乎更验证了美国在行动上的落后。美国开始不顾一切奋起直追。

艾森豪威尔总统拒绝再给海军机会，他把机会给了陆军弹道导弹局。那里的冯·布劳恩终于可以有所作为了。

冯·布劳恩是“二战”期间的纳粹德国科学家，曾经制造出世界上第一枚实用的V–2火箭，被纳粹装上炸药攻击英国。冯·布劳恩有着丰富的火箭制造经验，美国军队将其俘虏后，送到了美国陆军弹道导弹局，日后若干重要的导弹、火箭都是在他的指导下完成的。笔者将在后面第七章详细讲述他的事儿。

1958年2月1日，冯·布劳恩的团队不负众望，终于成功发射了美国第一颗人造地球卫星——“探险者”（Explorer）1号。该卫星呈擀面杖状，重13千克，由喷气推进实验室用三个月时间赶制出来的。3月中旬，他们又发射了“探险者”2号。3月底，他们一发而不可收拾，玩上了瘾，又发射了“探险者”3号。截至8月24日，他们总共发射了5颗卫星。

利用这几颗卫星携带的仪器，美国取得了一项看上去不错的成绩：来自依阿华州立大学的范·艾伦博士发现了一条强辐射带环绕着地球，这条辐射带随后被命名为“范·艾伦辐射带”，以表彰范·艾伦的发现。

“范·艾伦辐射带”是一个由地球磁场制造的辐射带，它保护着地球，让对我们身体有害的射线拐弯而去，射不到我们身上。事实上苏联的宇宙射线专家维尔诺夫才是第一个发现这条辐射带的人。维尔诺夫利用苏联的“人造卫星”2号，更早地发现了这种奇怪的辐射，只是出于任何事情都要先保密的苏联习惯，维尔诺夫错失了宣布发现的机会。如果少一些无聊的保密，这条辐射带现在肯定叫“维尔诺夫辐射带”。

一时间，美国貌似领先了。《时代》杂志将冯·布劳恩放在了封面，全美国都沉浸在愉悦当中。

然而，赫鲁晓夫不会让美国人忘记谁才是太空的老大。不就是“科学”吗？为了获取“科学”这种筹码，不让科学新发现被美国佬先摘取，不让范·艾伦事件重演，一个塞满了仪器就像赫鲁晓夫一样肥胖的重型卫星，被装到了一枚苏联的火箭上，也许是火箭不堪重负，在升空后一分半钟它就爆炸了。赫鲁晓夫很失望，不过还好，外界并不知道这事。

苏联的航天科学家希望改进火箭技术后再发射，然而赫鲁晓夫打电话过来说，意大利正要举行大选，他相信新的“人造卫星”3号能为意大利共产党募得数百万选票。1958年5月15日，“人造卫星”3号飞上了太空，然而意大利共产党却没赢得百万选票。不过，苏联“人造卫星”3号倒也真的创造了纪录，它足有1 326千克。

赫鲁晓夫是个天生的乐观派，虽然没能帮上意大利共产党什么大忙，但是卫星质量之最的纪录也让他得意很久。在一次阿拉伯会议上，他掩饰不住内心的骄傲，告诉客人，美国需要发展“许多橘子大小的卫星才能赶上苏联”。“人造卫星”3号显示了苏联确实拥有强大的火箭推力，这是苏联领先美国的基础。

与此同时，美国总统艾森豪威尔已经向国会提交了要组建美国宇航局的报告，美国运载能力更强的火箭也已研制成功，一场更为激烈的竞赛已然拉开了序幕。

1958年12月18日，新成立的美国宇航局发射了一颗广播试验卫星——“斯科尔”号（Score），这也是人类第一颗通信卫星。卫星上简单而又有创意地录有令赫鲁晓夫崩溃的声音：

广播试验卫星——“斯科尔”号发射时的场景

这是美国总统在讲话。通过现在的科学，我的声音正从处于外太空的卫星向大家广播。通过这种独特的方式，我向全人类转达美国人民对地球和平的期望，并向全世界人民表达我的良好祝愿。

这是艾森豪威尔总统为过圣诞节的地球人准备的讲话。通过艾森豪威尔的太空讲话录音，美国宇航局表达了一条信息：现在美国要利用其大推力的火箭，进行严肃而认真的太空计划，要玩真的了。在卫星的发展上，美国的新阶段开始了。

在美国，早就有人建议发射军事侦察卫星，但由于 U–2 侦察机实在太优秀了，它甚至能拍到艾森豪威尔总统球场上的高尔夫球。另外，由于当时火箭的运载能力有限，携带高清晰相机的卫星技术还很不成熟，侦察卫星计划一直被搁置。然而，仅仅一两年后，火箭推进能力的进步就让人想入非非：想用它发射卫星，进行偷窥。

与此同时，以火箭推进进步为基础的导弹也在飞速进步，苏联已经可以用导弹击落美国 U–2 侦察机了，U–2 已经不合适了。赫鲁晓夫这时也公开宣称他很喜欢被击毁的 U–2 飞机，希望美国能再多送他几架，而且他本人很震惊美国人竟然在侦察他。就这样，美国再也不敢派 U–2 去侦察苏联了。

面对这种窘境，美国发射侦察卫星的想法再次浮出水面并大受欢迎。1959 年 2 月 28 日，人类第一颗军事侦察卫星——“发现者” 1 号发射，柯达公司全程参与了卫星照片的研制工作。参与人员对侦察卫星拍下的照片非常满意。

此后，美国陆续发射了很多各种各样的卫星，包括通信卫星、气象卫星、导航卫星、地球资源卫星、月球探测卫星、金星探测卫星、火星探测卫星、太阳探测卫星等，满足了各行各业人们的需要。

1960 年 4 月 1 日，美国宇航局发射了一颗美国空军曾嗤之以鼻的卫星——“泰罗斯” 1 号，该卫星是美国无线电公司制造的，卫星上有一台电

第一颗气象卫星“泰罗斯”1号

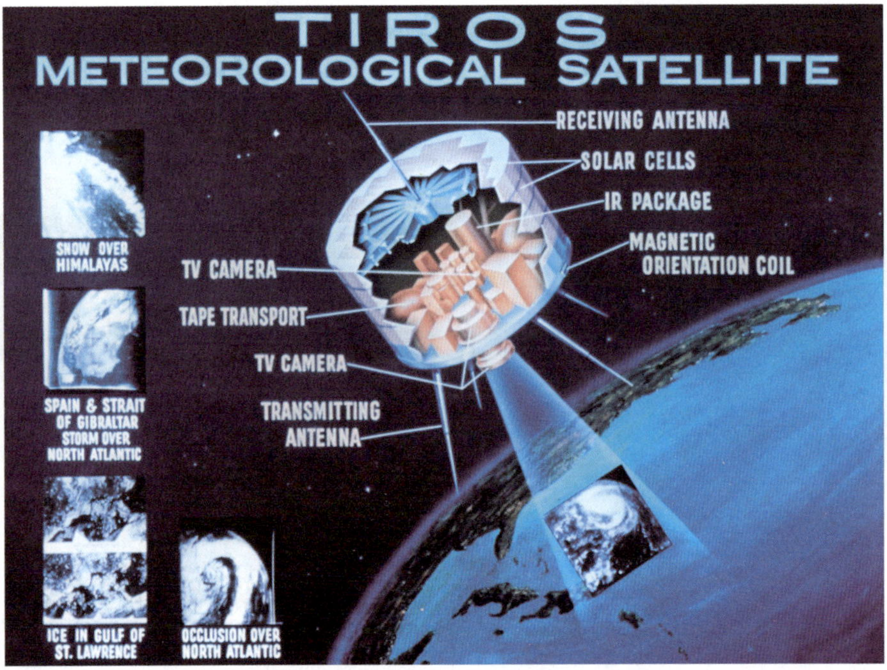

世界第一颗气象卫星“泰罗斯”1号

视摄像机。起初，美国无线电公司以为他们往卫星里塞一架摄像机的创意，能够获得空军的合同。但是空军泼了冷水，认为电视的清晰度远不够他们使用。他们认为这不是创意，或说是个毫无价值的创意。

然而，美国宇航局却不像美国空军那么没见识。在把卫星发射到太空后，美国宇航局发现它可以监测地球上的云，对气象研究具有很高的价值。这启发了气象卫星的构思，于是“泰罗斯”1号成了人类第一颗气象卫星。

截至1965年7月，美国宇航局共发射了十颗气象卫星。1966年，美国宇航局又把摄像机安放在一颗地球同步卫星上，地球同步卫星静止在地球赤道上空，这样监视天气就是天气在动而不是卫星。我们现在每天在“新闻联播”后看到的卫星云图就是利用了这个原理。

而第一颗真正意义上的通信卫星——“回声”1号也是1960年8月上天的，1958年的“斯科尔”号只是一次着急的试验。“回声”1号卫星是

气球形状的“回声”1号

美国电话电报公司下属的贝尔实验室研制的，是利用卫星将电磁波从此地弹向彼地的原理。这是一个很好的想法，它使东半球的中国观众能够看到西半球“世界杯”的现场直播。

贝尔实验室的参与，代表了航天商业化的方向，而贝尔实验室也即将拥有一种神奇的能力——从海滩的沙子里提炼硅，然后制作成太阳能电池和其他硅半导体，创造更稳定的新电子时代。美国宇航局乃至全世界都将从中获益。美国宇航局即将发射的金星、火星探测器，都将安装这种能持续工作数月、甚至数年的太阳能电池。同时，有了硅半导体的信号放大作用，电磁波变得易于控制，美国宇航局对太阳系和宇宙的探索也才有了可能。

目前，全球 200 多个国家和地区每天都在利用 800 多颗太空中的通信、导航、遥感、气象卫星，形成年收入 1 000 多亿美元的全球性产业。

人类从发射第一颗人造卫星到现在大约发射了 5 800 颗卫星，其中，美国和苏联大约占到 88%。根据 2004 年美国太空监视网的统计，今天的太空有 2 909 颗卫星或其他仪器正在运转，同时还有 6 307 块可观测到的太空垃圾。这些由报废的卫星等产生的太空垃圾，速度极快，严重威胁着我们今天的太空计划。“国际太空站”、航天飞机、中国的“神舟”飞船等每次发射时都必须琢磨着躲避这些致命垃圾。

就在美国宇航局忙着玩卫星新花样的时候，苏联的太空计划另辟蹊径，将重点转移到了载人航天上。他们要在这个领域教训一下自满的美国人。

第六节 “水星”和“双子星”载人航天

苏联在“人造卫星”2号里塞进了一只小狗，这对美国来说是件大事。这意味着苏联的目标是要把人送上太空，这是个疯狂的想法。

不过，从学术角度讲，这完全没什么了不起，因为美国也曾用火箭把生物送上天，并且领先苏联11年。早在1946年，美国就曾利用从德国缴获来的V–2火箭发射过一只果蝇——就是那种在花丛中飞来飞去的小苍蝇。而更有好事者认为，人类第一颗人造地球卫星根本不是苏联先发射的，而是美国，因为有资料显示美国在一次地下核试爆中，把一个井盖炸到了天空，它再也没回来，美国井盖才是人类第一颗人造卫星。

从政治角度讲，卫星里装小狗，对美国来说是个不祥之兆。因为那时人们对太空了解不多：太空有没有空气？人的心脏能不能在太空中跳动？这些还都不确定。

美国航天的一个具体目标就是“确认人类能不能在太空中生存”，为此，他们开展了载人航天计划，而几乎与美国同时，苏联也准备把人送上太空……

“水星”载人航天计划

1958年10月1日美国宇航局的成立确实振奋美国人心。6天后，它的第一任局长格伦楠为了更加振奋人心，宣称美国宇航局要把人类第一个宇航员送上太空。从此，美国宇航局开始了它酷爱“宣称”的传统。格伦楠宣称的事就是即将要进行的“水星”单人载人航天计划。

第二年4月，美国宇航局在华盛顿举行会议，向全世界骄傲地介绍了他们千挑万选、要代表人类进行第一次载人航天的“水星”计划宇航员，他们分别是：

斯科特·卡彭特
戈登·库珀
约翰·格伦
维吉尔·格里索姆
沃尔特·斯凯瑞
阿兰·谢泼德
唐纳德·斯莱顿

“水星”计划宇航员荣获科利尔奖

“水星”计划中的宇航员约翰·格伦

在那次华盛顿会议上，美国宇航局局长格伦楠热情洋溢的介绍刚刚完毕，台下就响起了雷鸣般的掌声。在当时，无论是卫星还是火箭，美国似乎都落后于苏联。美国人太需要一次领先了。这次闪亮登场的美国宇航员给了公众不少信心，美国宇航员也被戴上了“真理”“正义的偶像”“美国风格”等诸多光环。

那么，这七位自称“大猩猩”的第一批宇航员是怎么选出来的呢？

1958 年，美国宇航局秘密制订了“水星”载人航天计划，但那时美国宇航局对宇航员还没有准确的认识。到底什么样的人才能当宇航员，谁也

“水星”计划“自由”7号发射

拿不出一个确切的衡量尺度来。当时被列入考虑对象的有特技演员、马戏演员、游泳运动员、赛车手。后来，艾森豪威尔总统亲自作出决断，认为宇航员必须出生于军事飞行员，且必须受过大学或大学以上的教育，身高和体重都要适中，健康状况尤其重要。而且，这些人还要有为美国航天事业献身的精神。

美国宇航局官员开始在现役飞行员中寻找合适的人选，经过海选，他们最终确定了110名候选人，这110名飞行员分别来自空军、海军或海军陆战队。最后69人被通知到华盛顿参加进一步的选拔，接受了各项测试，包括技术测试、体能测试、文化课测试以及医疗检查等。这69人经过测试，最后剩下了32人，这些人将要到俄亥俄州和新墨西哥州继续参加测试与选拔，包括更详细的体检和体能评估以及失重、振动和隔绝空间生存测试。一位观察家曾说美国宇航局当时是在寻找“超人”。

参与“水星”计划的宇航员绝大部分都参加过第二次世界大战和朝鲜战争，他们不仅有丰富的飞行经验，身体状况也都适合做宇航员。经过层层选拔后，他们又根据“水星”计划训练了很久。那期间，他们不断地进行飞行训练和体能检测，此外，还要在沙漠和海洋等环境下进行生存训练。他们不仅要忍受大强度的训练带来的身体不适，还要忍受与家人分离的痛苦。但他们都有一个共同的目标，那就是成为第一个进入太空的美国宇航员。

最终七个人脱颖而出，成为“水星”计划的首批宇航员。

“水星”计划的七名宇航员很快成了媒体竞相追逐报道的对象，也成了美国宇航局的明星广告宣传员。“水星”计划办公室甚至曾向媒体出售关于宇航员私生活的资料，甚至连“宇航员属于国家公务员，工资怎样怎样”的事情都被抖了出去。1959 年 9 月 4 日，《生活》杂志在封面上刊登了宇航员们的照片，同时刊登了一篇长达 18 页的文章，标题为“准备描写历史”。一周后，宇航员的妻子们也上了杂志，标题是“宇航员背后的勇敢女人”……

1959 年 12 月，按既定计划，美国宇航局用“水星”计划中的载人飞船把大猩猩送上了天，并安全返回，美国载人航天的基本技术已经齐备。美国宇航局认为时机差不多了，他们把首次飞行计划也做了出来：阿兰·谢泼德将成为第一个进入太空的美国人，随后将是维吉尔·格里索姆和约翰·格伦。美国宇航局距离代表人类第一个把人送上太空似乎只有一步之遥了。

“水星七杰”——美国第一批七名宇航员

美国宇航局“水星”计划的目标是“确认人类是否可以在太空中生存”，不过这个理想很快就泡汤了，因为苏联帮助美国宇航局提前确认了。答案是“能”，人类能在太空生存，是苏联航天员加加林同志搭乘“东方”1 号飞船帮助确认的。

1961 年 4 月 12 日，就在美国宇航局

两次太空飞行时间间隔最长的宇航员——约翰·格伦

骄傲地带领美国信心百倍地进行世界上第一次载人航天的准备工作时，苏联航天员尤里·加加林突然搭乘“东方”1号飞船飞上了太空，成为世界上第一个航天员。

这对美国人来说犹如晴空霹雳。苏联竟然再次领先，而且是实现了世界上第一次载人航天。

连招呼也不打，苏联就将世界上第一个航天员送上了天，这让1961年1月以微弱优势击败尼克松、刚刚上任的美国民主党籍总统约翰·肯尼迪拉长了脸。一时间，他看上去忧心忡忡。

加加林飞上太空之后的第二天，莫斯科人民聚集在红场热烈欢迎他们的英雄，美国肯尼迪总统则连夜召集了美国宇航局局长詹姆斯·韦伯、副局长休·德莱登、科学顾问杰罗姆·威斯纳等高级官员，紧急开会讨论如何应对。

“怎么办？总统想知道我们如何超过苏联人。”肯尼迪总统科学顾问杰罗姆·威斯纳问美国宇航局的诸位高级官员。凝重的气氛很快笼罩了当时的会议室。美国宇航局局长詹姆斯·韦伯一言不发，一时间不知如何作答。

美国宇航局副局长休·德莱登则率先打破沉默，他说：“赶在苏联之前，送人上月球，怎么样？”德莱登话音刚落，空气更加凝重，他继续说，“仿效曼哈顿计划，倾全国之力，实现它。”

“要花多少钱？”总统科学顾问杰罗姆·威斯纳问。

“100亿到200亿美元之间。”德莱登回答道。他没敢多说这个数字，他不想一下子吓到总统。

“派机器人登月怎么样？”

“很难想象一台机器登陆月球，地球人会泪流满面。”德莱登说。

“那建个太空站怎么样？总统总是要我们花最少的钱，做最多的事。”

杰罗姆·威斯纳说。

“苏联人会击落太空站。而且这不能保证我们领先苏联，苏联人的终极目标是登上月球。所以，我们必须赶在他们之前，超过他们。”德莱登说。

“你在艾森豪威尔手下工作时也这么肯定吗？”管理与预算局主管大卫·贝尔说。他知道休·德莱登在艾森豪威尔政府时就是美国宇航局的副局长。

“不，苏联人当时没有迹象要登月。”德莱登说。

“作为总统科学顾问的头，我不认为登月有必要。我们花200亿美元就为了到月球上拍几张照片，这不值。”

“我想总统会明白，当人类踏上月球的那一刻会有什么意义，那将是历史的决定性时刻……”局长詹姆斯·韦伯终于说话。

“尤其是插上美国国旗的时候，是吗？”大卫·贝尔最后说，他似乎转变了态度。

当晚，肯尼迪总统开始了认真的考虑。就在白宫，5个月前艾森豪威尔否定了美国宇航局的登月想法。第一它听上去不可能，第二它花费太大。当时，休·德莱登呈报给艾森豪威尔的预算是：

“水星”计划：3.5亿美元。

环月飞行：80亿美元。

登陆月球计划：260亿~380亿美元。

当时，艾森豪威尔几乎被吓倒了，要求对预算作出解释。德莱登解释说登月将和哥伦布发现美洲一样意义重大，又说当年伊莎贝拉皇后为哥伦布探险典当了自己的钻石云云。而艾森豪威尔却说：“我可不打算为‘阿波罗’典当我的钻石”……

从这里我们可以知道，美国宇航局和美国总统早在“水星”计划进行的时候就开始考虑登月了。只不过它花费太大，没人敢作这个决定，总统也不例外，他担心被国会骂死。而如今这样一个需要勇气的决定，肯尼迪打算去作了。他支持“水星”计划，并决定把“水星”计划以及随后的

“双子星”计划，当做登月的准备。

第二天，肯尼迪作了登月的决定。

距离加加林上天不到一个月，即 1961 年 5 月 5 日，美国宇航员阿兰·谢泼德乘坐的“水星”计划飞船点火发射。当天，美国进行了大张旗鼓的电视和广播直播宣传。

当时，几乎所有的美国民众都被吸引了，他们停下手中的工作聚集到电视机或广播前观看和聆听。印第安纳州一个法庭的法官甚至中断了审判，用正受审的窃贼偷来的电视收看直播。

没办法，苏联有大型火箭，而美国有大型电视摄制组。很明显，有大型电视摄制组的一方，很容易把自己装扮得神乎其神、不算太差。其实，现场直播发射是一种很需要勇气的冒险，只有高度自信才会那么做，因为没人知道发射能不能成功，会产生什么恶劣的舆论后果。民众对三年前美国海军发射第一颗人造卫星时点燃的那颗大“爆竹”还历历在目，随后从全世界各地飞来的冷嘲热讽，也让美国人言犹在耳。

这个第一位美国宇航员阿兰·谢泼德，1923 年 11 月 18 日生于新罕布什尔州，是一位银行家的儿子。他 1944 年毕业于美国海军军官学校，1947 年开始驾驶飞机，总飞行时间超过 8 000 小时，是个很优秀的飞行员。想知道 8 000 小时是个什么概念吗？可以看一下你的 QQ 在线时长，我们整天在网络上挂着聊天，基本上也没几个人能超过谢泼德的飞行时长。首度进入太空后，谢泼德因内耳疾病做了手术，停飞了十年。1971 年 1 月 31 日，他作为“阿波罗”14 号飞船的指令长再次续写历史，成为第五位到月球漫步的宇航员。他在月面停留了 33 个小时，还成为第一位在月球上玩高尔夫球的人。这位瘾头很大的高尔夫球迷在临别前，用一支临时凑合的球杆打出了两记球，其中一只落到近处的一个月坑内，另一只不知飞到哪里了。在登陆月球的 12 名宇航员中，谢泼德是年龄最大的一个，登月时他47 岁。1971 年他在登月飞行前就担任了宇航员办公室主任，1974 年退役，退役时的军衔是海军少将。退役后，谢泼德担任休斯敦马拉松建设公司董事会主席。1998 年 7 月 21 日晚，谢泼德在他的家乡蒙特雷去世，终年 74 岁。美国宇航局在次日的声明中没说明他的死因，美国宇航局局长戈尔丁称，谢泼德的去世使该局损失了一位最伟大的开拓者，也使美国损失了一颗耀眼的明星。克林顿总统也称赞谢泼德是“我们最伟大的宇航员之一”。

在“水星”计划第一次载人飞行中，谢泼德的“自由”7 号中途出现了故障，只飞到了亚轨道，远没有加加林飞得高。这次太空之旅也因此被赫鲁晓夫称为“跳蚤的一跃”。因为亚轨道距离地面 100 千米，只是太空的边缘。这次飞行在现在看来，的确也不算什么，现在美国的私营公司制造的飞机就能飞到亚轨道。不过，当时的“自由”7 号对久旱未雨的美国太空计划来说终究是一件好事。

谢泼德成功地在亚轨道飞行之后，美国总统肯尼迪下了更坚定的登月决心。肯尼迪开始四处演讲和游说，希望民众全力支持美国宇航局，以便美国宇航局能取得更多、更棒的成就。肯尼迪总统在 1961 年 5 月 25 日——谢泼德亚轨道飞行 20 天后的参众两院演说中声称，美国应该在 1970 年以前“把宇航员送到月球上并把他安全带回来”。

“阿波罗”计划变成了真正要付诸实施的载人登月计划。“水星”计划、“双子星”计划也变成了“阿波罗”计划的练兵。

加加林飞上太空之后约 10 个月，谢泼德亚轨道飞行之后约 9 个月，即 1962 年 2 月 20 日，美国宇航员约翰·格伦乘坐“友谊”7 号飞船，终于超越了“亚轨道”，飞到了太空，真正实现了美国人的太空梦。

格伦返回地球后，受到了空前的礼遇。美国政府让格伦坐上敞篷车，纽约曼哈顿街区“埋伏”了 400 万人，对他进行夹道欢迎。当他到百老汇时，深冬暴雪般的纸片从街道两旁的窗户里撒出来欢迎他。那些纸带总共有 3 500 吨，超过了 1951 年欢迎麦克阿瑟时用掉的 3 249 吨纪录。连艺术家毕加索也来拍马屁，他说：“我为格伦感到骄傲，他就像我的兄弟一样。”就像苏联的加加林一样，美国的格伦也被太空镀上了一层闪闪发光的金，这样的人日后想不升官发财都难。

此后，“水星”计划又进行了三次太空飞行。“水星”计划载人飞船是清一色的“7”号，整个发射飞行过程如下：

“自由”7号

1961年5月5日发射，阿兰·谢泼德飞行15分28秒，亚轨道飞行。此次飞行被苏联领导人赫鲁晓夫蔑为“跳蚤的一跃”。阿兰·谢泼德没能成为美国期待已久的真太空英雄，谢泼德后来成功登月，成了登月英雄。

“自由钟”7号

1961年7月21日发射，宇航员是维吉尔·格里索姆，他在亚轨道飞行了15分37秒。飞船返回地球时在大西洋溅落，要不是营救人员及时赶到，格里索姆就被意外进水的飞船淹死了。“自由钟”7号随后沉入海底，神秘失踪。整整38年后的1999年7月21日，“自由钟”7号才被发现并打捞出来，不过，打捞人员未能找到当年导致飞船进水的舱门。而格里索姆却注定要为这扇舱门付出生命。1967年1月，格里索姆及其他两位宇航员在“阿波罗”1号火灾中逃生失败，被火烧死。而“阿波罗”1号飞船正是为了吸取“自由钟”7号舱门容易进水的教训，刻意把逃生舱门去掉的，可怜的格里索姆终究因为舱门而死……只能说水火无情，偏偏都被格里索姆赶上。

“友谊”7号

1962年2月20日发射，约翰·格伦飞行4小时55分23秒，是美国首次真正的载人太空飞行，绕轨道3圈。关于约翰·格伦，前面的“格伦研究中心”有过介绍，他也是一位非常了不起的宇航员。

“大力神” 7 号

1962 年 5 月 24 日发射，马尔康·斯科特·卡彭特飞行了近 5 小时，再次验证了轨道飞行，绕轨道 3 圈。卡彭特也是一位海军飞行员，参加过朝鲜战争，曾经在中国沿海飞来飞去，监视中国的军事动向。卡彭特是第一个在太空吃固体食物的宇航员，也就是说在他之前，宇航员们大多饿着肚子或在太空吸吮食物。卡彭特回到地球后，由于一些有争议的错误而导致“水星”计划飞行操作官发誓“再也不让卡彭特上太空”。1964 年，他开始从美国宇航局请长假，转回海军工作。1983 年，他演了一部电影《正确的东西》。

“西格玛” 7 号

1962 年 10 月 3 日发射，沃尔特·斯凯瑞飞行了 9 个多小时，绕轨道 6 圈。斯凯瑞后来又继续执行了“双子星”计划和“阿波罗”计划，但没能登月。

“信念” 7 号

1963 年 5 月 15 日发射，戈登·库珀飞行 34 个小时，较长时间的轨道飞行，考察了人体反应及飞船的可靠性。库珀不仅是第一个在太空睡觉的宇航员，而且是第一个（估计也是最后一个）在发射台上紧张倒数时，还能打盹的宇航员。

库珀一生获奖无数，同时他积极宣称自己屡次看到了“不明飞行物”，并且不遗余力地批评美国政府隐藏“不明飞行物”的信息。后来，他写了一本书——《姑且相信》，讲述了他在空军和宇航局的日子以及他努力揭露关于“不明飞行物阴谋”的人生经历。

虽然美国的“水星”计划晚苏联十个月才真正实现太空飞行，但其技术上取得的成就，却比苏联“东方”载人飞行更多。美国宇航局在整个“水星”计划中，将多种导弹改进成运载火箭，从中获得了丰富的经验，这为后来更宏伟的太空计划打下了基础。“水星”计划在技术上虽然比较复杂，但整个过程比较科学，发展了很多新技术，在大型太空计划的管理上，也积累了相当多的经验。这些都是苏联无可比拟的。

“水星”计划圆满完成之后，美国宇航局开始实施“双子星”载人航天计划，“双子星”计划已经非常明确地要做“阿波罗”计划的前奏。

顾名思义，“双子星”载人航天计划就是要把两个人同时送上太空，简单地说就是“双人床”计划，就是把飞船做大了，让两位宇航员在一张双人床上吃喝拉撒。这听起来简单，做起来却十分复杂。比如，单单解决两位宇航员的卫生问题就颇让人们头疼，他们一般要在太空进行为期两周的飞行，这相当于两个男人头朝下在厕所里并排坐上半个月，无论多脏，都别想洗澡……

从1964年第一艘“双子星”飞船发射成功，到1966年第12艘飞船发射成功，美国先后发射了10艘每次2人的载人飞船，其中“双子星”1号、2号飞船无人驾驶。这12次飞行均取得了成功。他们主要演练了太空飞行、太空对接、出舱行走等项目，锻炼了队伍。

从这一阶段开始，美国开始在太空中领先，当然美国宇航局也不知道。不过，在第一次出舱行走的时间上，美国还是略落后于苏联。

在20个月的十次载人飞行中，美国宇航局通过“双子星”计划，培养了一批后来“阿波罗”计划的骨干宇航员，使以前高不可攀的太空之旅，像例行公事一样简单了，它的各项成就几乎全都超越了苏联，“双子星”计划完成了它的使命。

与此同时，大西洋沿岸的佛罗里达州卡纳维拉尔角的肯尼迪航天中心，一座相当于52层楼高的巨型火箭装配大楼拔地而起，美国宇航局的“阿波罗”登月计划就要开始了。

第七节 “阿波罗”载人登月

有些事情很有趣。美苏在互不知情的情况下，有一段时间作出的决定竟然无比一致。比如，两国都在1954年5月同一周内批准了洲际导弹计划；两国的首次运载火箭试验飞行也都是在1957年春天，前后相隔不到四周；更让人惊奇的是，两国几乎在同一天决定开展月球计划……

如第一章所述，去月球旅行一直是人类疯狂的想法，由来已久，在中国甚至还有背叛的意味，因为嫦娥偷吃了大羿的仙药，自个儿飞上了月球……

但这个带有疯狂和背叛意味的理想终被美国宇航局实现了，这不能不说是一个奇迹。试想，人类1903年才学会飞行，仅仅66年后就已经可以漫步月球了，这是多么伟大的跨越。

这种成就在人类漫长而笨拙的演化史中从未出现过，这真是令人难以置信，以至于一部分人打死也不信，他们认为所谓的“阿波罗”登月其实是假的。

当然，还有一部分人走入了另一个方向的极端。他们被美苏争霸逼出来的科学进步所迷惑，走火入魔，以为照这样的速度发展下去，人类不久就会移民河外星系，会与外星人发生战争了，后来他们都去了好莱坞……这些当然都是“阿波罗”登月导致的。

1961年5月25日，美国总统肯尼迪在演讲中宣布美国要登月，演讲中他声嘶力竭地宣称：

> 我们选择到月球去。
>
> 我们选择十年内到月球上去并干其他的事，不是因为它简单，恰恰是因为它艰难。

这个目标可以组织和衡量出我们最好的力量与技术。

这个挑战我们愿意接受，不愿意推迟。

我们要赢得这个挑战。

当然，对政治人物而言，一切出发点还是政治。“阿波罗”登月计划能被批准，其实有美国无法忍受的政治背景的影响。“二战”后，美国打败了强大的德国和日本，但却要面临更强大的苏联；在中国，蒋介石败退到台湾，世界上人口最多的国家也投入到了共产主义的怀抱；朝鲜半岛的一半也是红色；而第三世界的国家正受到共产主义的鼓舞，苏联在太空的领先，让他们以为苏联制度比美国制度优越。

而美国国内的麦卡锡主义逐渐盛行，国内一部分人开始乱了阵脚。为了反共，人们彼此揭发，随便用共产主义的刷子毁坏人的名誉。比如，著名演员查理·卓别林和原子弹的制造者罗伯特·奥本海默，都被指控为苏联间谍。面对这些复杂的国内外困境，肯尼迪强调：“如果美国不打算失去拥护，就必须要注意领导太空。”

在这个背景下，美国宇航局就成了美国政府的某种救命稻草。

肯尼迪总统全力成全美国宇航局的所有太空计划。他凭借自己的三寸不烂之舌，说服了一切试图批评、阻碍美国宇航局资金预算的人，美国宇航局也开始了它最忙碌、最风光的日子。

1963 年 11 月 22 日，最严重的挫折出现了，义无反顾地支持登月的肯尼迪总统遇刺身亡，世界为之震惊。人们惴惴不安，担心“阿波罗”计划还能否继续。肯尼迪的继任者约翰逊总统宣布，他也将坚定不移地支持“阿波罗”计划，甚至于当这一计划连在政治上的收益都被怀疑时也不动摇——自第二次世界大战后，美国还没有哪一项国家政策受到过如此坚定的支持。

为了登月，美国宇航局先后动员了 120 所高等学校、20 000 家工厂、400 多万人，耗资 254 亿美元（相当于 2005 年的 1 350 亿美元）。实施

“阿波罗”登月工程的那些年，也是美国宇航局机构最庞大的时候。它的机构庞大到几乎是美国所有平级机构里雇员人数最多的，曾多达3.6万人(美国间谍机构中央情报局可能更多，但它拒绝提供雇员数据)。

登月计划首先面临的困难便是缺乏有效的运载工具，为了研制大型运载火箭，冯·布劳恩等划归美国宇航局，负责研制“土星”系列火箭。

在以后的日子里，尽管失败、事故和来自某些方面的苛责接连不断，但美国宇航局和肯尼迪政府支持“阿波罗”计划的决心从来没有动摇过。他们下定决心，一定要在月球上击败苏联，以雪屡屡败北之耻，赢得多方面的支持。

登月先遣兵

在登月前的1958—1967年间，美国海军及后来的美国宇航局先后发射了4个“先驱者”号（Pioneer）探测器、9个“徘徊者”号（Ranger）探测器、7个“勘测者”号（Surveyor）探测器、5个“月球轨道卫星”(Lunar Orbiter)，对月球进行了前期考察。这些探测器就像今天我们的“嫦娥一号”一样，尝试挣脱地球引力，拍摄月球照片，分析月球土壤，为人类登月作准备。

按照美国人的宣传，早在美国宇航局成立之前，美国就开始了月球探测计划，是“第一个发射月球探测器的国家”。

1958年8月18日，美国海军试图发射一颗飞向月球的探测器——“先驱者”0号，但第一级火箭升空后很快就爆炸了，卫星也随之报废。随后接手太空计划的美国宇航局，又继续发射了“先驱者”1号、“先驱者”2号、“先驱者”3号探测器，但也均告失败。

由此可见，“第一个发射月球探测器的国家”的说法虽然惟妙惟肖，很美好，但缺乏真凭实据。因为我们无法相信一个竖在那里等待爆炸的火箭是飞向月球的，你甚至说它是飞往河外星系的似乎也可以，反正它爆炸了。

事实上，世界上第一个较成功发射的月球探测器，应该是苏联的“月球”1号。

“月球”1号发射两个月后，美国宇航局才成功地发射了“先驱者”4号探测器，它从距月球表面60 200千米的地方飞过。当然，它也未能击中月球。

1966年1月，苏联发射的“月球”9号，经过79小时的长途飞行之后，在月球的风暴洋附近着陆，并用摄像机拍摄了月面照片，这是世界上第一个在月球软着陆的探测器。这个探测器在到达距月球表面75千米时，实现着陆舱与探测器母体分离，靠装在外面的自动充气气球缓慢着陆月球成功。

从苏联“月球”系列探测器中，我们不难看出，苏联依旧保持着令美国宇航局汗颜的成就。在这种紧张的形势下，美国宇航局绝不敢闲着。

尝试摆脱地球引力、飞往月球的“先驱者”0、1、2、3、4号失败后，美国宇航局果断调整了“先驱者”计划的探索方向。从“先驱者”5号开始，“先驱者”系列探测器转而探索太阳去了。1972年，“先驱者”计划又转变了探索方向，“先驱者”10号甚至飞出了太阳系，成为第一个试图飞出太阳系的人造飞船。“先驱者”12号、“先驱者”13号则飞向了金星。

美国在苏联探月压力下洗心革面，一切从新开始，开展了新一轮的探月计划——“徘徊者”（Ranger）月球探测计划，为铁板钉钉的登月计划再行铺路。然而，这个计划很不走运，如其名字一般，“徘徊”二字贯穿了整个计划，十分倒霉。

我们知道，喷气推进实验室成功发射了美国第一颗人造地球卫星——“探险者”1号，此外，它在导弹无线电控制方面也有点小名气，因为它此前一直专注战术导弹，所以，新的“徘徊者”月球计划就交给了喷气推进实验室执行。我们也知道，现在的喷气推进实验室在无人探测器方面牛得不行，然而在当时，在它刚刚执行“徘徊者”月球计划的时候，我们只能用“颓废”二字来形容它。

当时喷气推进实验室的指导思想是以战术导弹为中心。这种指导思想很好玩，认为试验中的失败是可以坦然接受的，因为将来还有发射机会。在此指导思想下，可怜的“徘徊者”计划成了喷气推进实验室的“练功石”。

1961 年，“徘徊者”1 号和“徘徊者”2 号月球探测器，因为“宇宙神·阿金纳”火箭第二级点火失败，没有飞到太空。

1962 年 1 月，“徘徊者”3 号好不容易克服了该死的火箭故障，飞近了月球。喷气推进实验室为了炫一把，试图对月球进行电视直播，结果探测器计算机发生故障，“徘徊者”3 号莫名失效。

同年 4 月，“徘徊者”4 号发射，这次“宇宙神·阿金纳”火箭飞得太精确了，以致“徘徊者”4 号都没机会调整姿态，死死撞向了月球，一张图片也没留下。

美国宇航局的一位官员愤怒地说：“我们发射了一个无线电白痴。”对于 1962 年，美国宇航局仅有这样的成果，与苏联相比是非常难堪的。

同年 10 月，“徘徊者”4 号与“徘徊者”5 号发射，不过它们命运相似，飞上天 1 小时后，探测器内部短路，失去了太阳能电池的电，探测器又报废了。

一连 5 个止步不前的徘徊者，美国宇航局简直受不了了。照这样下去，美国根本不可能在剩下的 8 年内登月，因为美国宇航局甚至还没有给月球拍出一张像样的近距离照片，而苏联正以每年平均 3 次探测的速度，接近着他们的目标。

喷气推进实验室主任威廉·皮克林（William Hayward Pickering，1910—2004）更是崩溃，他撤换了“徘徊者”计划高级管理人员，命令该计划停工一年，对火箭与探测器进行重新设计。曾抢先发现范·艾伦辐射带、占了苏联大便宜的范·艾伦说：“喷气推进实验室的人极富勇气和才智，他们几乎都带有攻击性，就像海上的舰队，然而这群人却是在一种错误的思想下开展工作，这个错误思想用评审委员会的话说就是‘发射了再说，听天由命’。”

皮克林决心整顿这种匪夷所思的思想。

插播：皮克林

皮克林，出生在新西兰的一个小渔村，在首都惠灵顿上中学，曾因组装了一台矿石收音机而成为当地的名人。1929年他被富有的叔叔带到美国洛杉矶，并考进了加州理工学院。1936年他获得物理学博士，准备报效祖国，可是他回到新西兰后却没人理他，好久都找不到工作，他只好再次回到美国，并在加州理工学院教授电气工程。1941年皮克林加入美国国籍。1944年他进入当时由美国陆军掌管的喷气推进实验室工作，从事导弹研究，主管美国第一个导弹系统“下士”的研发工作。1954年到1976年的22年间，皮克林一直担任喷气推进实验室主任。在他上任后的第三年，苏联成功发射了第一颗人造地球卫星。之后，皮克林成立了人造卫星研发小组，在83天时间内制造出了美国的第一颗人造地球卫星——“探险者”1号。

喷气推进实验室被美国宇航局接管后，在皮克林的领导下，实验室开始大力发展无人太空探索。皮克林积极推动对月球、金星、火星等天体的探索活动。由于皮克林的卓越领导，皮克林被尊称为“JPL先生”（喷气推进实验室英文简称JPL）。皮克林1976年退休，获得由美国福特总统颁发的国家科学奖章。2004年，威廉·皮克林因肺癌在美国加利福尼亚州拉卡尼亚达的家中逝世，终年93岁。现任喷气推进实验室主任的查尔斯·叶拉契说：“皮克林是美国太空事业的带头人，正是他让月球和其他行星向人类敞开了大门。”

歇业整顿一年后，皮克林重新恢复了“徘徊者”计划。然而，也许是“徘徊者”计划取错了名字，1964年1月“徘徊者”6号还是不给皮克林面子，而是偷偷在月球静海坠毁，没传来任何电视信号。

这时，皮克林收到了美国宇航局总部怒不可遏的信号：如果再发生失败，就彻底取消“徘徊者”月球探测计划，绝不姑息。

喷气推进实验室车到山前，在总部的呵斥下，1964年7月发射的“徘徊者”7号取得了近乎完美的成功。“徘徊者”7号发射成功，它在月球云海着陆，共拍摄了4 000多张月面特写照片。喷气推进实验室的高级经理们，对这次成功感到“太意外了”，也太感动了，几乎痛哭流涕，因为他们经历了太多的失败。

1965年2月发射的“徘徊者”8号和3月发射的“徘徊者”9号，也取得了成功，分别拍回7 000多张和5 800多张月面近距离照片。这些照片让“水星”计划、“双子星”计划的宇航员提前知道了月球上的情景。

通过“徘徊者”月球探测计划，喷气推进实验室为载人登月积累了最初的资料，更重要的是喷气推进实验室懂得了应该怎样和无人探测器、太阳系诸星球打交道，并且爱上了和它们打交道。

“徘徊者”计划完成后，美国宇航局马不停蹄，命令喷气推进实验室进行月球自动化软着陆计划。新的探月计划——“勘测者”计划开始了。软着陆，就是保证探测器毫发无损地降落在月球上，区别于苏联“月球”2号那样硬摔在月球上的硬着陆，未来的载人登月的“阿波罗”当然要采用软着陆。

然而，就在美国宇航局决定实施“勘测者”软着陆月球计划时，苏联又扔出了重磅炸弹，展示了其同样强大的太空实力。

1966年2月，苏联的“月球”9号抢先在月球成功软着陆，又是人类第一次……

美国宇航局仿佛听到苏联人着陆月球的脚步声，这足以让美国人窒息……

种种迹象似乎表明，如果美国宇航局再不抓紧，那么第一个登上月球的人将是苏联人，到时候，美国人会连哭都找不到地方。

在苏联率先软着陆月球后的一年半里，美国宇航局备感压力，密集地发射了七个月球“勘测者”。

1966年5月，“勘测者”1号着陆成功。“勘测者”1号在“风暴洋”着陆后传回了11 000多张照片。同年9月发射的“勘测者”2号没有成功。1967年4月发射的“勘测者”3号同样着陆于“风暴洋”，它用1.8米长的机器手挖了很深的一个坑，测出了月海表面的硬度，确信月海表面不影响飞船着陆。同年9月，“勘测者”5号着陆“静海”，首次测得了月球表面岩石的成分。接着，“勘测者”6号于11月着陆在“中央河口”，并进行了返回升空3米的试验，再次确认了月球表面是相当坚硬的，并非全部堆积着灰尘。1968年1月，“勘测者”7号又传回了21 000余张月球照片。至此，美国的“勘测者”计划胜利结束。

几乎与“勘测者”计划同时，美国宇航局又一项“月球轨道卫星”计划也在进行。“月球轨道卫星”从1966年8月到1967年8月共发射了五颗，在绕月飞行中拍摄了大量月球地形照片，绘制了精细的月面地图，为“阿波罗”飞船选择好了着陆点。

1967年，美国宇航局“双子星”载人飞行计划成功结束，宇航员得到了充分的训练，“徘徊者”“勘测者”“月球轨道卫星”计划也拍摄了大量高精度月球照片，进行了无人着陆月球试验，为人类登陆月球作了最充分的准备。美国宇航局开始执行史上最惊心动魄的“阿波罗”载人登月计划。

对美国来说，登月已经万事俱备，只欠东风了。

“阿波罗”1号不幸着火

在“阿波罗”计划中，“阿波罗”1号是试验飞船，也是最让人痛心的飞船。

其实，本没有“阿波罗”1号这个称呼，该飞船出厂时，飞船承包商——北美人航空公司在其上悬挂横幅，自称该飞船是“阿波罗”1号。但美国宇航局对承包商的自封一直不予承认，美国宇航局坚持称该飞船为“阿波罗—土星204”，因为这次试验飞行的任务编号是“AS-204”（其中AS是阿波罗-土星的英文首字母，2代表土星IB火箭，04代表第4次任务），直到火灾发生……

北美人航空公司是美国一家航空航天制造企业。1967年，它同洛克威尔—标准公司合并成为北美人洛克威尔公司。这家公司曾成功承包了美国

巨大的“土星”5号登月火箭

宇航局的 X-15 型火箭飞机（“航天飞机”的始祖）、“阿波罗”飞船指令舱和服务舱、“土星”5 号火箭第二级等。1996 年，它被波音公司收购。

AS-204 原计划由“土星 IB”运载火箭发射，为“阿波罗”系列飞船的一次环绕地球轨道的载人飞行。由于错过 1966 年发射的机会，于是改为 1967 年发射。AS-204 目的是测试“发射操作、地面追踪、控制设施及阿波罗飞船与土星火箭的表现”。此次任务计划于 1967 年 2 月 21 日发射。

1967 年 1 月 27 日，三名宇航员：指令长维吉尔·格里索姆、领航员爱德华·怀特和罗杰·查菲，在 34 号发射场火箭顶部的“阿波罗”飞船里进行模拟发射。下午 6 时 31 分，一个声音（来自查菲，另两位宇航员的通信莫名故障）突然通过对讲机大喊：“驾驶舱内发生了火灾。”

仅仅数秒后，查菲的声音便在痛楚的呼喊中结束。从闭路电视中可看到怀特正尝试打开舱盖。不过，由于内舱盖的设计须要队员先松开好几个门闩才能打开，因而不能在短时间内开启。另外，可恶的是内舱盖是向内开启的，这一设计的目的是在太空飞行时利用舱内气压更好地封住舱盖空隙。火灾发生时产生的热空气令舱门闭得更紧，舱内气压很快升至足以令飞船爆裂的程度。

舱内火势迅速蔓延并失去控制，三名宇航员的宇航服以及连接至舱内维生系统的输气管都被大火烧熔，格里索姆及怀特的宇航服甚至被烧熔在一起。从三位宇航员的死亡位置来看，他们曾经试图逃生，但没有机会。因为打开舱门的程序极端复杂。

“阿波罗”1 号宇航员，他们已经牺牲

要打开舱门，指令

长格里索姆必须先放下怀特的头枕，然后怀特才能解除超过 12 个门闩。事实上，即使怀特能解除所有门闩，舱内气压已升高到根本打不开舱门的程度。查菲的工作则为关掉飞船上的仪器以及与地面控制保持联络。他的尸体被发现时仍扣着安全带在其座位上，他尽职尽责到了最后一秒钟。在首次呼叫“驾驶舱内发生火灾”后 17 秒，三名宇航员都已死亡。

根据《“阿波罗”1 号事故检调委员会报告》（以下简称《报告》）叙述，格里索姆的身体有 36%皮肤达三级程度烧伤，他的宇航服也有 70%被烧毁。怀特身体有 40%皮肤达三级程度烧伤，他的宇航服则有 25%被烧毁。查菲身体有 23%皮肤达三级程度烧伤，他的宇航服亦有 15%被烧毁。不过，后来证实他们并非被火烧死，而是被吸入的有毒浓烟致死。

《报告》指出，飞船内长达 50 千米的电线某处产生电火花，船内的易燃物众多，比如，尼龙、铝等会在纯氧中迅速燃烧，释放出各种毒气。飞船缺乏逃生舱门也是一个大问题，此前美国宇航局的飞船是有逃生舱门的。但是逃生舱门因导致“水星”计划“自由钟”7 号飞船进水，差点淹死宇航员格里索姆而被取消。如今格里索姆终于还是为这道门付出了代价。

“阿波罗”1 号火灾事故后，美国宇航局高层管理部门很紧张

整个事件，美国宇航局犯了不可饶恕的错误。因为“阿波罗”飞船的承包商北美人航空公司曾建议飞船舱盖向外开启，以及在紧急情况利用“爆炸门闩”开启舱盖。承包商亦建议舱内应使用氧氮混合的空气，就像地球大气一样，而杜绝百分百的纯氧。但美国宇航局不赞

成他们的建议，认为那样的设计不能减轻重量。

火灾发生后，“阿波罗”飞船在重新设计前被停止使用。后来的重新设计结果如下：

舱内气压发射时为海平面气压，60%为氧气，40%为氮气，在飞往月球的头24小时内逐渐转为100%氧气。

舱盖改为向外开启设计，并可在10秒内开启。

舱内的易燃物料改为使用一些会自动熄灭的物料。

配管系统及电线均包上隔热保护物料。

修正了1 400多处线路问题。

尼龙宇航服改为涂上玻璃纤维的宇航服，新款宇航服比较难燃烧。

改善飞船内部线路，在两年后遭遇困境的“阿波罗”13号上证明是十分重要的，当时飞船关掉电源四天，里面凝聚了大量的水，但一直没有导致短路。

AS-204事故发生后，格里索姆及查菲被安葬在阿灵顿国家公墓，怀特则被安葬在美国纽约州的西点军校。美国宇航局此前坚称这艘飞船为AS-204，但火灾发生后，宇航员的妻子们要求预留“阿波罗”1号这个称呼给他们的丈夫，以纪念这个永远不能完成的旅程。美国宇航局同意将AS-204命名为“阿波罗”1号，以纪念失去的三名宇航员。而之前的AS-201任务被定为“阿波罗”1A号、AS-202被定为“阿波罗”2号、AS-203被定为“阿波罗”3号。

当34号发射台被拆卸后，其钢筋混凝土发射平台仍被留下来，平台上则镶着两块纪念三名宇航员的铭牌。其中一块铭刻着：

34号发射中心

1967年1月27日，星期五，18时31分奉献给“阿波罗”1号队员：
美国空军中校维吉尔·伊万·格里索姆
美国空军中校爱德华·希金斯·怀特二世
美国海军少校罗杰·布鲁斯·查菲
他们为了探索新视界而将生命奉献给国家
不是为他们的死而铭记他们，而是为他们生命中所执著的理想

另一块铭牌刻着：

纪念那些作最后牺牲的人
正是因为他们，其他人才能够到达天上的星星
那是一条崎岖的道路
愿神保佑“阿波罗”1号的队员平安

除了上述两块铭牌，一位宇航员的大学同学，还利用花岗石制成了三张长椅，每位队员一张，这些长椅已于2005年1月被安置。三所位于美国亚拉巴马州亨茨维尔（美国宇航局马歇尔太空飞行中心驻地）的公立学校也是以“阿波罗”1号队员命名的，分别为维吉尔·格里索姆高级中学、爱德华·怀特中学、罗杰·查菲小学。一条通往位于密歇根州大急流市（罗杰·查菲的出生地）肯特郡国际机场的道路，也被命名为“罗杰·查菲大道”。

“阿波罗”1号

三颗行星、月球表面的环形山及火星上的山都是以“阿波罗”1号三名宇航员命名的。他们的名字还被刻在位于肯尼迪航天中心参观者中心的太空纪念镜上。

每年“阿波罗”1号队员的家庭都会被邀请到上述地点进行纪念活动。而肯尼迪航天中心亦

会允许那些参观者参观已经陈旧的34号发射平台。

不过，阴谋论者认为“阿波罗”1号的三位宇航员之死另有隐情。详情请稍后阅读本章的登月骗局说。

“阿波罗”4号、5号、6号：寂静中沉淀

“阿波罗”1号火灾折射出了“阿波罗”计划中的诸多缺陷，飞船不仅在设计上存在瑕疵，而且在管理上也存在麻痹大意等问题。有人说，“阿波罗”1号火灾导致美国宇航局的登月延后了至少四个月。也有人说，如果没有“阿波罗”1号的火灾，后面的“火灾”“事故”会更多，就不会有顺利可言，“阿波罗”1号火灾反而将登月时间提前了。

“阿波罗”4号

按照美国宇航局的规划，如果“阿波罗”1号任务成功，将会有两次“阿波罗”任务紧随其后，分别于1967年夏季和秋季发射，但两次任务均在“阿波罗”1号火灾后取消。

为了改进飞船，提高“阿波罗”团队的效率，美国宇航局改变了原来的计划。“阿波罗”4号、5号、6号进行了认真的无人太空飞行测试。

而这一改变的结果，便使原来在11号排队的尼尔·阿姆斯特朗成为第一个登陆月球的人。

“阿波罗”7号：重拾信心之旅

1968年10月发射的“阿波罗”7号，是“阿波罗”计划第一次载人太空飞行，时间长达11天，使用“土星IB”火箭作载人发射，也是第一次三人太空任务，成功与否将严重影响民众对美国宇航局“阿波罗”计划的信心。

“阿波罗”7号和“阿波罗”8号的宇航员在白宫

“阿波罗”7号宇航员分别是：沃尔特·斯凯瑞，唯一一位在“水星”计划、“双子星”计划以及“阿波罗”计划中均执行过任务的宇航员，也是任务的指令长。另两位是唐·埃斯利和瓦尔特·康尼翰。令人关注的是，他们三人是“阿波罗”1号的替补宇航员。

指令长斯凯瑞曾希望把“阿波罗”7号的呼号定为“长生鸟”（神话里从自己的灰烬中复活的一种鸟），以纪念在“阿波罗”1号牺牲的三位同伴，但宇航局怕勾起公众对灾难的回忆，拒绝了这个建议。

“阿波罗”7号的整个飞行任务没有什么大问题。不过，头一次进行11天的太空生活，还是让三位宇航员很不舒服。

据悉，宇航员们的伙食很糟糕，三人也都得了感冒。糟糕的生活环境使指令长对指挥中心的命令开始不耐烦，三名宇航员开始与地面指挥“顶嘴”，三名宇航员也因此再没有执行过太空任务。

这次任务证明了“阿波罗”飞船能够在太空中完成任务，但宇航员的心理问题不好对付。

“阿波罗”8号、9号、10号：只飞不落

“阿波罗”8号是“阿波罗”计划中的第二次载人飞行，三位执行任务的宇航员分别是：指令长弗兰克·博尔曼、指令舱驾驶员詹姆斯·洛弗尔、登月舱驾驶员威廉·安德斯。

“阿波罗”8号是人类第一次离开近地轨道，并绕月球飞行的太空任务。“阿波罗”8号同时还是著名的“土星”5号登月火箭的首次表演。

“土星”5号是目前世界上使用过的最大、最重、推力最强的运载火箭。它足有110米高，直径10米，总质量达3 000多吨，能将装满货物的一节火车车厢推送上天。当高度相当于一座36层楼、质量堪比巡洋舰的“土星”5号，在振聋发聩的烟火中拔地而起时，它所带来的震撼可想而知。面对它的第一次发射，设在肯尼迪航天中心的美国哥伦比亚广播公司新闻主持人，在震惊中临时改变台词——主持人突然大喊：“哦！我的上帝，我们的房子在颤抖，屋顶要塌下来。”

“阿波罗”8号拍摄的地球

从1964年到1973年，研制“土星”5号的总拨款高达65亿美元，仅在1966年便高达12亿美元。“土星”5号的研制由马歇尔太空飞行中心的冯·布劳恩主持，主要承包商包括波音公司、北美人航空公司、道格拉斯飞行器公司以及IBM公司。

1967年至1973年期间，“土星”5号火箭总共发射了13次，均取得了成功，平均每次发射费用5.4亿美元。它是如此重要而完美，可是后来美国宇航局为了发展航天飞机却放弃了它。“土星”5号的最后一次发射是将“天空实验室”送入太空。若干年后，“土星”5号火箭的设计图纸，在美国宇航局的一次卫生大扫除中丢失。

1968年，当“阿波罗”8号飞船安装在“土星”5号火箭上时，负责“土星”5号的马歇尔太空飞行中心对它们俩的结合很有信心。

“阿波罗”8号飞船于12月21日发射，飞了三天后终于到达月球，并围绕月球飞行了20个小时。在平安夜，三位宇航员在月球轨道中向地球作了电视直播。这是截至当时电视史上观众最多的直播，不过这一直播纪录很快就被“阿波罗”11号打破。

“阿波罗”8号任务的成功，为肯尼迪总统宣布的20世纪60年代内完成登月计划找到了信心。“阿波罗”9号在绕地球附近进行了长时间飞行，对登月舱进行了进一步的检验。“阿波罗”10号则使登月舱下降到离月球表面15千米的高度又返回，检验了其性能。

“阿波罗”11号：首次登月，险象环生

真正开始执行登月任务的是“阿波罗”11号。

“阿波罗”11号飞船在1969年7月16日点火升空，19日进入月球轨道，20日分离登月舱与指令舱，21日5点17分在月球着陆，11点56分宇航员尼尔·阿姆斯特朗踏上月球表面，紧接着埃德温·奥尔德林爬出登月舱，也踏上了月球……

尼尔·阿姆斯特朗和埃德温·奥尔德林是人类首次登上月球的两名宇航员。在成为宇航员之前，阿姆斯特朗曾是美国海军的飞行员，参与过朝鲜

战争。他是个运气非常好的家伙，在飞离月球之前，他的所有飞行生涯都可以用有惊无险来形容。

“阿波罗”11号发射

1951年9月，在朝鲜的一次战斗飞行中，他的飞机撞上了电线，机翼被扯断，他靠弹射成功自救；1966年3月，他乘坐的“双子星”8号飞船又在太空中失去控制，像陀螺一样疯狂地旋转，关键时刻阿姆斯特朗重启系统，手动控制了飞船的平衡；1968年，阿姆斯特朗在埃灵顿空军基地进行登月舱着陆试验时，训练飞行器突然坠毁，阿姆斯特朗再一次在极短的时间内跳伞获救……据说，阿姆斯特朗的飞行技巧和处理突发事件的冷静态度，为他赢得了第一次登月的荣耀。

奥尔德林出生于新泽西州，他的父亲是一位热爱冒险的飞行员，曾和制造飞机的莱特兄弟、制造火箭的戈达德都有交情。有其父必有其子，奥尔德林从西点军校毕业后不久，就加入了美国空军，担任喷气式歼击机飞行员。他也参加过朝鲜战争，并在那里执行过66次作战任务，击落过两架“米格-15”战机（暂时不知是不是有志愿军的，要是有，那奥尔德林就太糟糕了）。1963年10月，奥尔德林被美国宇航局选作第三批宇航员。

“阿波罗”11号宇航员奥尔德林回望登月舱

1969年7月21日11点56分，当阿姆斯特朗踏上月面，他的大脚在挠动38万千米外我们熟悉却可望而不可即的月球时，地球上的人会是一种什么样的感觉呢？而对于当事人阿姆斯特朗来说，当他踩在松软的月球土壤上，看着静静起伏的灰色月面，望着远处的蓝色星球，那里有40亿人，其中5.28亿人正通过电视直播观看他时，他又会是一种什么样的感觉？

非亲历者恐怕不得而知。我们只知道5亿人同时观看登月直播的收视率一直保持世界第一，后来被中国中央电视台的春节联欢晚会的收视率击败。

阿姆斯特朗踏上月面后，说出了他预先准备好的经典台词："对人来说这是一小步，但是对人类来说这是一大步。"

他太紧张了，说错了，语句不顺。实际上他想说的是："对一个人来说这是一小步，但对人类这是一大步。"之后，阿姆斯特朗找地方插了一面美国国旗，然后和奥尔德林互相摆姿势，合影留念……

在月球上的阿姆斯特朗和奥尔德林确实很风光，这种风光已经远远超过了8年前第一个飞上太空的苏联航天员加加林。华盛顿很快就收到了100多个皇帝、国王、总统、总理发来的贺电。

一向神秘而强大的苏联，在阿姆斯特朗双脚着陆月球的一瞬间，被彻底击败了。

不过，阿姆斯特朗和奥尔德林表面上风光无限，实际上却危机重重。因为登月宇航员最致命的危险来自于登月舱，没人知道它能否成功带宇航员飞离月球。美国宇航局及美国政府甚至背着他们作了最坏的准备。

据英国《每日快报》报道，虽然"阿波罗"11号看上去安全无事，但鲜为人知的是，这个举世闻名的第一次登月并不顺利，而是险象环生，他们总结出六大危机，分别是：

第一个危机出现在飞船起飞前四小时。当时，宇航员正在吃发射前的最后一顿饭，他们不知道发射台上的"土星"5号火箭出现了燃料泄漏，只要一个小火星儿就会摧毁火箭和发射场内所有人员。

第二个危机是遭遇不明飞行物（UFO）的跟踪。在火箭升空后第三天，奥尔德林和科林斯称，他们看到飞船外有一个不明飞行物一直跟随着飞船，但它显然并非是飞船抛弃的火箭舱。奥尔德林说："这实在让人困扰。飞船外有个东西，近得可以观察到。科林斯可以通过望远镜看见它，它呈L形状。”与此同时，飞船内也出现了神秘闪光。奥尔德林回忆说：“突然间，我看到一道闪光。我吓了一跳，想到可能有东西进了飞船。我问他们两个，尼尔说他也看到了，而且是上百次。”这些闪光让人担心。在没有空气的太空里，任何东西把飞船穿透都会造成灾难。奥尔德林向控制中心报告了这一情况，宇航员们被告知，那些是高速重粒子，能够穿透飞船（更别说是人体了）。

第三个危机是关键时刻电脑死机。就在飞船着陆月球的关键时刻，飞船上的计算机突然死机，不断显示错误代码。奥尔德林回忆说：“无论我们怎么调整，计算机都不断发出警告。”原来，着陆雷达提供的信息超过了飞船计算机的承载量，过多信息进入了计算机里。这一意外让登月舱里的宇航员惊得目瞪口呆。庆幸的是，他们最终解决了这一问题。

第四个危机是引擎燃料严重不足。登月过程中，引擎的燃料严重不足，宇航员必须在15秒内登月，否则将会坠毁在月球或者永远别想飞出月球，而在平时的训练中这个时间是10分钟。幸亏宇航员的技术好，他们在15秒内完成了登陆。约翰逊航天中心控制人员中的很多人都紧张得脸色发青。

第五个危机是登月舱门无法打开。费劲着陆月球后，阿姆斯特朗和奥尔德林穿上宇航服，准备开创新纪元，整个世界也都在等待他们下来，可他们迟迟没能如愿。原因是他们无法打开舱门！两人顿时陷入恐惧中，绝望的奥尔德林进行最后一次尝试，舱门竟然奇迹般打开了。后来，奥尔德林说：“我把舱门虚掩上，不能让它再锁上。”

第六个危机是险些令他们在月球上安息。完成了两小时的月球行走后，阿姆斯特朗和奥尔德林在月球尘埃里发现了一个让他们无比震惊的东西——一个断裂的电路开关。这是谁丢的呢？他们一时迷惑。回到登月舱后，他们才发现开关是他们自己的，是在狭窄的登月舱内被宇航服刮断的。麻烦的是那个开关是启动引擎极为关键的一个。没有那个开关，他们将永远留在月球上。无奈之下，奥尔德林找到了一支圆珠笔，像电影中的偷车贼一样，他用笔成功地接好电路，启动了登月舱，离开了月球。奥尔德林称，他至今仍珍藏着那支挽救了他们生命的圆珠笔。

最近曝光的一份文件揭露，如果当时第一批登月宇航员遇上困境而无法飞离月球，美国宇航局就将发出“秘密警报”和善后应对措施。由于没有任何的救援办法，因此在确认两位宇航员不能返回地球后，二人与地球的通信将被切断，而他们所能做的是等死或自杀。尼克松总统甚至还拟定了一份讣文，准备在两位登月宇航员不能成功离开月球时发表演讲。讣文大意如下：

命运已作出安排，这两位登上月球打破其平静的人将在平静中安息。这两位勇敢的人，会清楚他们已失去返回地球的希望，但更清楚他们的牺牲将为人类带来希望。

还好，两人最终逢凶化吉。

从以上危机的化解过程，我们不难看出，相比其他宇航员，特别是倒霉的维吉尔·格里索姆，阿姆斯特朗和奥尔德林都是十分幸运的。两名宇航员在月球表面总共游荡了两个半小时，然后乘登月舱返回指令舱。两天半后，他们飞入地球大气层，溅落在太平洋。

他们在月球上留下了一块金属纪念碑，类似“某某某到此一游”，以后每艘“阿波罗”登月舱都会留，但不会如“阿波罗”11 号这般著名：

公元 1969 年 7 月
来自行星地球的人类第一次驻足月球
我们是为了全人类的和平而来
签名：尼尔·阿姆斯特朗（宇航员）
迈克尔·科林斯（宇航员）
埃德温·奥尔德林（宇航员）
理查德·尼克松（美利坚合众国总统）

在纪念牌上，搞笑的是，尼克松总统也跟着分享了登月的光芒，很容易让外星人误解，美国总统竟然也尾随宇航员登上了月球。

尼克松总统是个“太空迷”，在“阿波罗”11号溅落太平洋的时候，他亲自赶到“大黄蜂”号航空母舰迎接登月宇航员。两年半后，尼克松总统访问中国的破冰之旅，也被人形容是“登月之旅”。

“阿波罗”11号宇航员海中溅落回收

“阿波罗”12号：遭遇雷电

作为第二次登月，“阿波罗”12号定于1969年11月14日发射，发射窗口为3小时5分。错过这个发射窗口，发射将推迟两天，而月球着陆点也必须调整。

调整月球着陆点显然很不合适，因为宇航员没有在新的着陆点模拟训练过，那里的地形他们根本不熟悉。另外，尼克松总统和国会权贵也会来到肯尼迪航天中心，观看发射实况。当时，美国宇航局为了继续“阿波罗”计划、天空实验室计划、航天飞机计划……正准备向国会争取资金。很显然，当着总统和国会议员的面取消发射，后果严重。

可偏偏临近发射时，一片讨厌的降雨云飘到了肯尼迪航天中心上空。

等啊，等啊，终于有一小段时间雨停云散。“阿波罗”12 号的宇航员皮特·康拉德、艾伦·比恩、迪克·戈登赶紧钻进了“土星”5 号顶部的飞船，进行发射。

发射如期进行。发射 20 秒后，一切顺利。

“阿波罗”12 号宇航员比恩爬出登月舱

指挥“阿波罗”12号

宇航员皮特·康拉德禁不住说：“这简直是一次完美的发射，分毫不差。”

可话音刚落，飞船外就莫名其妙闪过一道剧烈的火光，并听到一声巨响。飞船内部顿时像被点燃的圣诞树，披挂着无数耀眼的火花，报警灯闪烁个不停……宇航员们顿时一头雾水，恐惧马上袭来，他们以为火箭爆炸了，他们就要完蛋了。

而发射场的目击者则看到一条状如巨龙的闪电，突然击中了“土星”5号火箭。闪电把火箭从头电到尾，甚至连火箭喷出的烟火都不放过。真是太惨了。

意外强大的电流致使飞船的制导系统失控，其他系统也随后失控，火箭一时间失去了方向，三位宇航员顿时像骑在一只垂死的鸟上。地面任务控制中心试图恢复对火箭的控制，但没有用，飞船与约翰逊航天中心之间的信号也中断了26秒。飞船内一片死寂。在那漫长的26秒钟内，宇航员几乎必须要放弃飞行了。他们准备启动逃逸系统，将飞船与即将炸毁的火箭分开，然后用降落伞把宇航员空降到大西洋……这是一种极端的自救办法。

然而，宇航员不愿意放弃登月，因为失去的电力开始恢复。在地面指挥中心的授意下，宇航员重新设置了燃料电池。“土星”5号的制导系统也开始正常工作。危机竟然奇迹般被克服。有惊无险，宇航员们大舒了一口气，开始闲聊。起飞 2 小时 28 分钟后，他们开始飞往月球。

关于飞船遭遇闪电的问题，后来成了美国宇航局的一项研究。为了检验美国宇航局的研究成果，此后，闪电又袭击了宇航局的一架航天飞机，此是后话。

“阿波罗”12 号登陆的地点是在风暴洋附近，着陆点早在三年前就已经由无人探测器探测过了。在这一次任务中，“阿波罗”12 号带回了大量月岩与照片，同时也完成了很多重要的实验，包括在月球表面测量太阳风粒子的实验。

宇航员皮特·康拉德也留下了名言：“这对尼尔·阿姆斯特朗来说或许是一小步，对我可是一大步。”

“阿波罗”13 号：“休斯敦，这里发生了故障”

数字“13”在西方人看来很不吉祥，而长期这么认为自然就真的不顺了。组装“阿波罗”13 号飞船的手难免出现颤抖，一颤抖就可能把氧储罐摔了，被摔的氧储罐就可能会爆炸……这就是“阿波罗”13 号要遭遇的悲剧。然而，似乎又可以换一个角度认识数字 13，要不是它，“阿波罗”13 号又怎么会虽败犹荣，帮助美国宇航局重新吸引人们的眼球呢？

依照发射顺序，第三次登月的“阿波罗”飞船将被命名为 13 号，这个数字在西方确实敏感，但美国宇航局并不迷信，他们认为自己的成就不是靠运气，而是靠无数人的集体努力，靠宇航员的艰苦训练，靠科学家的辛勤付出实现的。

不过，说起“13”这个数字，经验丰富的“阿波罗”13 号指令长詹姆斯·洛弗尔倒也犯过嘀咕。他发现“阿波罗”13 号要面临的“13”太多了，似乎真的不祥。

首先，计划发射时间是 4 月 11 日 13 点 13 分（即将降临的危机发生在 4 月 13 日）；其次，发射台是 39 号，这可是 3 个“13”；再次，发射前他的老搭档托马斯·马丁利被告知因为他接触过风疹病人，对风疹无免疫，极有在太空得此病的危险，必须临时撤换。替补宇航员杰克·斯威格特代替托马斯·马丁利，然而杰克根本没跟詹姆斯·洛弗尔他们怎么磨合过；最后，也是最倒霉的，那就是最终酿成灾祸的2号氧储罐被安装在了“阿波罗”13号上。而此前洛弗尔总是祝贺“阿波罗”10号机组“摆脱了那个被摔过的氧储罐”，如今那个氧储罐竟然跑到了“阿波罗”13号服务舱上。

1970年4月11日13点13分，“阿波罗”13号在39号发射台如约发射。

“阿波罗”13号地面控制

起飞后两天，“阿波罗”13号的宇航员们一直与那个氧储罐相安无事，一切都很平和。杰克·斯威格特甚至突然想到另一个让他恐慌的事，那就是他忘了向政府提交所得税申报表，他请求政府宽限他几天。约翰逊航天中心的控制人员则开玩笑地对他说，不在境内的美国人可以宽限60天，而斯威格特肯定不在境内。

然而，起飞后56小时，乱子出现了，服务舱的2号氧储罐发生了爆炸，半个服务舱都被炸开了。

2号氧储罐提供宇航员们呼吸所用，同时补给1号及2号燃料电池，供给电力，是“阿波罗”13号的主要动力来源，爆炸的后果十分严重。宇航员已经不能登月，必须即刻返航。最乐观的估计还有87个小时供他们飞回地球，每秒钟对他们来说都很珍贵。“阿波罗”13号顿时陷入绝境。

美国宇航局和“阿波罗”13号的承包商们，连夜开始了营救“阿波罗”13号队员的总动员。一时间全世界的新闻媒体也闻风而动，恢复了他们对“阿波罗”登月的报道热情。

“阿波罗”13号的宇航员们为了节省电力，暂时关闭了指令舱的电源，爬进了登月舱，那里有为登月活动而准备的氧气和水。当时，飞船已经快

“阿波罗”13号宇航员训练

飞到月球，指挥中心决定让“阿波罗”13号在到达月球轨道绕转的时候，突然点火，然后借助月球引力，将“阿波罗”13号甩回地球。

由于能关的仪器全部关闭了，太空舱内十分寒冷，很多仪器都蒙上了一层危险的水珠。飞船内部十分复杂，会不会造成短路？宇航员和地面指挥中心都很担心，然而托“阿波罗”1号火灾的福，“阿波罗”飞船已经进行了大规模的改造，否则“阿波罗”13号上将会有上百处短路的地方。

在飞到月球的最紧张时刻，“阿波罗”13号的宇航员们点火成功，飞船的推力使他们挣脱了月球引力，并获得了更高的速度，开始向地球飞行。他们近距离从月球背面飞掠，却无缘登上它，实在遗憾，然而那一刻，对他们而言能顺利回归地球才是最不遗憾的。飞船转过月球后，水、电、氧继续减少，宇航员开始担心和烦躁，指挥中心让他们吞服了镇静剂，以保持镇静。

在地球上，“阿波罗”13号倒霉的新闻充斥了世界新闻媒体的头版头条。几小时前，还冷若冰霜的媒体，顿时热情膨胀，迫不及待要捕捉这次危机的实况脚本。

世界各地也都主动表示，愿意为“阿波罗”13号宇航员的返回工作提供任何帮助。苏联也派出了好几艘船赶往可能的回收地点，并宣布：“苏联政府已经向它的公民和军队下达命令，要求他们利用一切可能的手段帮助美国航天员。”教皇保罗也在梵蒂冈一万名观众面前为三位宇航员祈祷和祝福。尼克松总统也亲自打电话，安慰宇航员的家属。

1970年4月17日，“阿波罗”13号宇航员终于克服困难，返回地球，溅落在太平洋。地面上的人们也终于可以轻松一下了：“阿波罗”13号登月舱承包商格鲁曼公司，向指令舱、服务舱承包商洛克威尔公司发去了一份带有挖苦意味的账单。意思是“阿波罗”13号队员，多亏了登月舱才得以回归地球，而这本来是指令舱和服务舱该干的。而洛克威尔公司也回了一份账单给格鲁曼公司，要求格鲁曼公司赔付牵引登月舱的所有花费。因为风疹被撤换的宇航员托马斯·马丁利，随后执行了“阿波罗”16号的飞行，再后来，他甚至还执行了两次航天飞机的飞行任务，一直没得风疹。

指令长洛弗尔在表达他的个人感受时也说了一句名言：“只有当你离开了地球，你才会明白在地球上你拥有的是什么。”当然，还有另外一句名言：“休斯敦，这里发生了故障。”这句话常用来调侃在路上抛锚的汽车。

就在倒霉的“阿波罗”13号落地之后的第七天，世界第一人口大国——中国，成功发射了自己的第一颗人造地球卫星，又一个航天大国诞生了。

“阿波罗”14号、15号、16号、17号

由于“阿波罗”13号的严重故障，“阿波罗”14号至关重要，又是一次挽回美国宇航局形象的发射。事实上，每一次发射对它都很关键，特别是“阿波罗”12号之后，美国民众对继续登月的兴趣已经索然，国会决定“阿波罗”17号之后的登月拨款取消。如果“阿波罗”14号再出现问题，那么“阿波罗”计划马上就会被取消。对政客而言，一次“阿波罗”11号登月已经彻底击败了苏联，继续下去没有任何意义，美国宇航局没必要再花钱了。20世纪70年代的美国有更多需要花钱的地方。

而对新闻界而言，狗咬人不是新闻，人咬狗才是新闻，而天天人咬狗也不叫新闻，“阿波罗”计划不出点岔子，那就没有报道价值。

在这种政治及舆论背景下，“阿波罗”13号发射之后十个月，即

“阿波罗”14号发射

1971 年 1 月 31 日，美国宇航局发射了“阿波罗”14 号，在奔赴月球的旅途中，除了对接出了点小问题，一切顺利。“阿波罗”14 号的指令长是被赫鲁晓夫蔑为“跳蚤的一跃”的美国宇航员阿兰·谢泼德，阿兰·谢泼德当时已经47 岁了，是登月宇航员中年龄最大的。另两位宇航员是埃德加·米切尔和斯图尔特·鲁萨。在月球上，阿兰·谢泼德甚至擅自玩起了高尔夫球。

从“阿波罗”15 号开始，美国宇航局为了吸引公众，调整了登月的目的，变以前的“探险”为“科学考察”。如果说“科学考察”与“探险”究竟有什么区别，那就是最后三次登月，采集的月球岩石比以前多了一倍，除此之外则乏善可陈。1978 年，美国卡特总统的安全事务顾问布热津斯基访问中国，送给当时的华国锋 1 克（没错，是 1 克）月岩，就是“阿波罗”17 号宇航员采集的。美国宇航局六次登月，总共从月球采集了 381.7 千克月球岩石。

1972 年 12 月 7 日发射“阿波罗”17 号时，美国的电视公司已经不愿直播宇航员登月了，那时的美国民众更愿看选秀节目，登月太没意思了。

登月后的后现代生活

众所周知，太空中有非常强烈的宇宙射线，它们不仅能洞穿宇航员的身体，还能伤害一部分宇航员的大脑。一部分飞过太空的宇航员，在返回地面后，往往变得傲慢无比，最后无所适从。

美国作家史密斯对目前健在的登月宇航员进行了跟踪调查，撰写了《月尘：寻找从月球回来的人》一书。该书详细介绍了宇航员们登月之后，他们的生活和工作的变化情况。在登月之后，宇航员们受到了明星般的欢迎，但也给他们的生活和工作带来了诸多烦恼。

有媒体报道，在登月宇航员中就有相当多的人不能正确地对待荣誉，无法进入正常的生活。人们对他们的过分崇拜以及舆论的过分吹捧，使他们的生活和工作完全走了样。

几乎所有的宇航员都面临过生活危机，许多人酗酒，甚至离婚。例如，第二个登上月球的宇航员奥尔德林为美国宇航局进行全球公关旅行后不久，就为了另外一个女人抛弃了原来的妻子和家庭，并因酗酒而患上精神病，最后不得不进入精神病院治疗。

2002 年 9 月，奥尔德林更是上演了冲动的一幕。他来到洛杉矶的一家旅馆，准备接受日本教育电视台记者的采访，突然一个独立电影制片人不知从哪里冒了出来，他坚持让奥尔德林将右手放到《圣经》上发誓："我奥尔德林真的去过月球。"

这使奥尔德林深感不快，转身打算离去。而那个制片人却还在他背后大叫："你是骗子！懦夫！"72 岁的奥尔德林愤怒至极，忍无可忍之下，他转回身，用左手抓住那位制片人的衣领，展示了宇航员强悍的体质，将制片人的衣服撕破，制片人这才怏怏离去。

至于登月第一人——尼尔·阿姆斯特朗，回到地球后同样难以处理同事、朋友和自己的关系，他后来成了一名教授和公司董事会成员，目前基本上已经隐居终南，生活十分神秘。所以尼尔·阿姆斯特朗没有新闻，不过，他依旧是这个星球上最著名的人。

宇航员查理·杜克也有这样的问题。他是 1972 年成为第十位登上月球的人。杜克说，登上月球的那一刻，他俯瞰地球，感到地球似乎就像一颗宝石，熠熠闪光，近在眼前，甚至能伸手可及。然而在杜克返回地球后，他觉得生活完全变成了另外的样子，成了一种长期、缓慢和虎头蛇尾的煎熬。有很多企业找上门来和他谈生意，他成了啤酒批发商，也赚了一笔钱，但这个工作却并没有为他带来一丝快乐。他开始虐待妻儿，后来也不再做啤酒推销的生意，最终皈依了基督教。基恩·萨南是"阿波罗"17 号的指令长，也是最后一位登月者。他后来成了"专业登月演讲人"，靠演讲和推销欧米伽手表谋生。埃德加·米切尔登月后，建立起了一家研究机构——智力研究所，专门从事意识（类似第六感）的研究……

"阿波罗"登月计划的背后

鲜为人知的是美国宇航局"阿波罗"登月计划也曾面临过严重危机，差点被取消。1963 年，一些有势力的领导人谴责"阿波罗"登月代价太高，并对其价值严重质疑。国会甚至开始将美国宇航局的预算砍下5亿美元。但这个危机很短暂，肯尼迪总统马上用鲜血推动了整个计划。1963年11月肯尼迪被暗杀，美国举国震惊。登月一下子变成了政治上不容置疑的神圣目标，因为它将是殉难领袖的纪念碑。

当然，“阿波罗”计划也是以美国国民经济为基础的。1960年美国的国民生产总值为5 000亿美元，而短短五年后，便跃至6 600亿美元。美国宇航局的预算从1962年的12亿美元，跃升至1966年的59亿美元。实施“阿波罗”计划期间，美国宇航局雇员达到36 000多人，各承包商共计411 000人。全美国靠太空计划为生的人超过100万。

“阿波罗”计划依靠强大的经济基础，但也为美国经济带来了意想不到的收获。它带来的经济效益远远超过了当初人们认为不值得的投入，产生了很多有趣的民用产品。比如，现在老少皆宜的果汁，就是当初为给宇航员补充营养而出现的；现在婴儿所必备的“尿不湿”，则是当时为解宇航员内急所专用；宇航员太空鞋里所采用的海绵，如今已成为许多高档运动鞋的鞋垫材料；宇航员遮蔽辐射的玻璃头盔则变换成今天的高档太阳镜……“阿波罗”计划现在仍在改变着我们的生活。

登月是骗局吗

我们似乎有一个毛病：面对伟大的东西，很难相信这是自己人做的。从埃及的金字塔，到复活节岛上的石像，再到英国史前的巨石阵……很多人怀疑像这样的伟大工程，地球人做不了。它们要么是外星人援建的，要么就是前一批人类建造的。登月之后18年，美苏（俄）两国都腻歪了月球，再也没有打过月球的算盘。而就在这样的一个空当，一种声音开始甚嚣尘上。这个声音认为登月是骗局，登月从不存在。

2004年，墨西哥《永久周刊》发表了俄罗斯人亚历山大·戈尔多夫的一篇文章，题为《本世纪最大的伪造》，文章对“阿波罗”登月照片提出多项质疑。关于“‘阿波罗’登月真伪”的讨论再次甚嚣尘上。

早在1976年6月，原“阿波罗”登月舱承包商洛克达因公司雇员比尔·凯恩（Bill Kaysing）抛出重磅炸弹，他和兰迪·里德（Randy Reid）共同出版了《我们从未曾登陆月球：美国的300亿美元骗局》（We Never Went to the Moon：America' s Thirty Billion Dollar Swindle）一书（鉴于有人以讹传讹，擅自把比尔·凯恩写作“教授”，笔者在此段引注英文资料，供核实）。该书郑重指出，美国“阿波罗”计划欺骗了全世界，比尔·凯恩解释了所谓的登月其实是这么个过程：

载有宇航员的火箭确实发射了，但目标不是月球，而是人迹罕至的南极，飞船在那里被弹出火箭，并被军用飞机回收，随后宇航员在地球上的实验室里表演登月过程，之后进入指令舱，并被投入太平洋，完成整个所谓的登月过程。

不仅如此，比尔·凯恩还认为“阿波罗”1号飞船中的三位宇航员死于谋杀，因为他们知晓了美国宇航局打算假登月的诡计。2001年，在美国福克斯电视台录制的登月骗局辩论会上，“阿波罗”1号罹难宇航员维吉尔·格里索姆的妻子和儿子也站在比尔·凯恩一边，认为宇航员们死于谋杀。比尔·凯恩甚至还暗示美国宇航局安全检察员托马斯·罗纳德，在国会作证一周后死于车祸以及他的500页报告神秘失踪事件，都不是意外！

比尔·凯恩一言既出，石破天惊。他很快被尊称为“登月骗局之父”，或被贬为“世界头号阴谋论分子”。就连1978年美国一部名为《摩羯星一号》的电影也受到影响，含沙射影认为登月可能真是骗局。在电影中，美国宇航局因为航天计划搞了16年，劳民伤财，却一无所获，越来越无法向国会和公众交代，于是它的首席科学家决定铤而走险，弄出一个大大的成果来，好让世人震惊。无独有偶，在小说《达·芬奇密码》作者丹·布朗的另一本小说《骗局》中，美国宇航局也有这样的造假倾向（看来美国人十分了解这种心理）。这个大大的成果就是发射“摩羯星一号”宇宙飞船，载人登陆火星。然而，就在发射前几分钟，飞船上三位准备登陆火星的宇航员却被秘密接走，送往一处秘密场所。而倒计时之后升空的宇宙飞船，里面实际上是空的，它也不会飞向火星。在秘密场所，首席科学家摊牌了：这次行动是一个惊天骗局。他要求三位宇航员在未来的八个月里，在沙漠的秘密基地中，向全世界扮演“摩羯星一号”登陆火星的“实况转播”。首席科学家软硬兼施，告诉三位宇航员造假也是为了美国，如果他们揭露真相，美国人民将“没有任何东西可以相信了”，三位宇航员被迫就范。他们演出了种种登陆火星的直播，说出很多台词，其中不乏像阿姆斯特朗说的那些。他们还要像模像样，跟家人通话，互诉关爱……可当三位宇航员违心帮助首席科学家完成了这个弥天大谎之后，等待着他们的却是杀人灭口——按照首席科学家的安排，“摩羯星一号”将在返回地球的最后瞬间失事，三位宇航员将“为了人类探索宇宙的科学事业”壮烈牺牲，成为英雄。故事也确实按照首席科学家的计划发展：隆重的葬礼，家人的悲痛，政要的慰问……当然，如您所料，影片最后，一位历尽艰辛的宇航员，英雄般出现在葬礼现场——惊天骗局大白于天下。

因为有这些事在，所以当俄罗斯人亚历山大·戈尔多夫旧事重提的时候，还是一石激起千层浪。据一项民意调查显示，现在美国公众对“阿波罗”计划的质疑，也达到了数十年来的顶点，有10%的美国人表示根本不相信“阿波罗”登月是真的。怀疑“阿波罗”登月造假的人，主要依据如下：

1. “阿波罗”登月照片是伪造。

根据美国宇航局公布的资料计算，当时太阳光与月面间的入射角只有6~7度之间，但那张插上月球的星条旗的照片显示，阳光入射角大约近30度。照片中出现的阴影夹角应该在“跨出第一步”后46小时才可能得到。

阴谋论者认为插在月球上的旗子有问题

2. “阿波罗”登月录像带在地球上摄制。

通过录像分析，宇航员在月面

的跳跃动作、高度与地面近似，而不符合月面行走特征。

3. 月面根本没有安装激光反射器。

根据美国某天文台的数据可以计算得知，现在在地球上用激光接收器收到的反射光束强度只是反射器反射强度的1/200。其实，这个光束是由月亮本身反射的。也就是说，月球上根本没有什么激光反射器。

4. “阿波罗”计划进展速度可疑。

美国直到1967年才研制出第一个“土星IB”号火箭，1月27日做首次发射试验，不幸失火导致三名宇航员被烧死。随后登月舱重新设计，硬件研制推迟18个月，怎么可能在1969年7月就一次登月成功？

5. 对“土星”5号火箭的质疑。

现在的航天飞机只能把20吨载荷送上低轨道，而当年的“土星”5号火箭却能轻而易举地把100吨载荷送上太空，将40多吨物体送到月球。这么好的火箭为何弃而不用？而且连设计图纸都没保存下来？

6. 温度对摄影器材的影响。

月面白天可达到130摄氏度，而据图片看，相机是暴露在宇航服外而没有采用隔热措施。众所周知，胶卷在66摄氏度就会受热卷曲失效，怎么拍得了照片？

这些怀疑人士认为，对以上这一切美国政府一直没有交代，而知情者肯定担心生活和安全受到影响，甚至可能直接遭到了胁迫，至今对此沉默不言。但相信不久的将来，诞生于美苏太空竞赛年代的“登月骗局”一定会水落石出。

不过，更多的人认为“阿波罗”登月绝不是造假，理由如下：

1. 该计划当时是在全球实况转播的，数亿人亲眼看到。另外，宇航员还从月球带回了一些实物，如月岩。

2. 美国政府不会拿信誉开玩笑。如果是一次骗局，他们根本不需要冒这么大的风险实况转播，而只需事后发表一些照片即可。否则万一有个闪失，美国政府要承担很大后果，甚至会名誉扫地。

3. 美国宇航局有成千上万的科技人员，直接或间接参与登月的更有数百万人。如果登月计划是一场骗局，要堵住悠悠众口谈何容易。

4. 美国的新闻界无孔不入，假如政府有欺骗行为，各大媒体一定会大做文章。而至今美国新闻界并没有对此大肆渲染，其中必有公信。

5. 近年来，美国新的月球探测器“月球勘测轨道飞行器”(Lunar Reconnaissance Orbiter) 已经拍到了当年登月的痕迹。

1999 年 7 月，美国在华盛顿国家航空航天博物馆举行仪式，纪念人类首次登月 30 周年。美国副总统戈尔向当年“阿波罗”11 号三名宇航员授予了“兰利金质奖章”，以表彰他们为太空事业作出的贡献，这表示了美国政府对登月的态度。但尼尔·阿姆斯特朗依然拒绝参加任何记者招待会、签名或合影。30 年来，他为何一直选择沉默，也给人们留下了一个问号。

让人兴奋，让人疑惑，这也许就是人类登月之后的后现代生活。

不过，也有人以登月为消遣。这个人就是小布什，美国的第 43 任总统。

丝毫看不出小布什总统对太空有什么兴趣，但他却老调重弹，宣布了他老爸 20 年前就宣布过但应者寥寥的“重返月球”计划。最后一次登月的32 年后，即 2004 年 1 月，美国总统布什在华盛顿美国宇航局总部，宣布了他为美国宇航局量身定做的雄心勃勃的“新太空探索”计划。

根据这份计划，美国将在 2020 年将宇航员再次送上月球，并在那里建立永久基地，而在 2030 年美国宇航员将前往遥远的火星探险。布什任命的美国宇航局局长迈克尔·格里芬则在后来补充说，美国宇航局将在未来的12年里设计出新的航天器和火箭，2018年之前将四名宇航员送上月球，并最终送上火星。据悉，整个计划将耗资1 040亿美元。时间表如下：

2004年，作为计划核心、取代航天飞机的“乘员探索飞行器”要完成概念研究；

2005年，完成“乘员探索飞行器”的初步设计；

2008年，发射第一艘“乘员探索飞行器”样机，同时确定月球飞船的设计；

2015—2020年，“乘员探索飞行器”进行首次载人登月。

布什政府制订的太空计划得到了一部分国会议员的支持。他们认为，新太空计划必须尽快出台，否则，美国将会失去在太空竞争中的领先地位。“如果我们不去做，其他人就会去做，”国会众议院科学委员会成员巴特·戈登说，“中国人，欧洲人和日本人把登月列为目标。我们当然不愿一觉醒来发现别人都已经在那里（月球）建立了基地。”

新登月计划收获得最多的还是批评。

擅长批评的《纽约时报》报道认为，大力支持新登月计划的美国总统布什将在2009年结束任期，他试图通过支持登月，树立类似肯尼迪那样的形象。他把这个“新包袱”甩给了他之后的美国政府。“这真是颗毒药。”美国物理学会的帕克博士说。此后执政的美国总统，将面临痛苦的两难选择：要么支持新登月计划，背上沉重的财政包袱，要么砍掉这个计划，背上“不支持太空探索”的糟名声。布什试图通过制订宏伟的太空计划，转移伊拉克战争的视线，跻身支持太空探索的伟大总统行列，仅此而已。

此计划，已经被奥巴马总统取消。

第八节 独创航天飞机计划

20世纪40年代，美国宇航局的前身——美国国家航空咨询委员会和其合作公司很快在尤金·森格尔草图的指引下，设计出了X-1超音速飞机。他们第一次用火箭做飞机发动机，果然获得了非常高的速度。

创意改变世界。

美国宇航局接管美国国家航空咨询委员会之后，“把火箭放到飞机上”的创意在美国宇航局的科学家心中生根发芽。1959年，美国宇航局牵头研制的火箭飞机——X-15试验机，进行了第一次无动力滑翔飞行。1967年，X-15又进行了一次飞行，这次飞行速度更是厉害，其加速度足有15倍重力，飞行员迈克尔·亚当斯甚至都伸不出手指去控制操作杆，最终导致机毁人亡……X-15飞机充分证明了用火箭作动力的飞机，能获得足够的速度飞到太空，并且能像普通飞机一样着陆。

美国空军认为这样的速度可以媲美太空飞行，因此X-15项目中有8人获得了“宇航员”的称号，另2人速度略低，但也获得了“宇航员的翅膀”（Astronaut wings）称号。1967年牺牲的X-15试飞员迈克尔·亚当斯，他的名字就被放入了肯尼迪航天中心的宇航员纪念馆里——这也是为什么笔者在第四章中说“全世界宇航员（航天员）是个约数”。

循着X系列火箭飞机的精神，1969年4月，美国宇航局提出建造“航天飞机”的计划，希望它能集航空、火箭以及其他太空技术于一身，既能作为运载工具发射各类航天器，又能像卫星一样绕地球飞行，然后像普通飞机一样着陆。其实宇航局科学家的初衷就是希望航天飞机不要像一次性火箭那样用完就废。

提出建造“航天飞机”计划之后，在说服国会的议员上，美国宇航局遇到了莫大的困难。那个时候，美国宇航局登月期间挥金如土的种种举动已经让国会议员刮目相看了，现在它竟然又来要钱。

参议员蒙代尔多次在公共场合大骂航天飞机计划：“在我们的人民营养不良、我们的河湖受到污染、城乡环境恶化的情况下，耗巨资干这种事我认为考虑不周。我们的价值是什么？我们认为什么更重要？”

1969 年 4 月上任的美国宇航局第三任局长托马斯·佩因则突出强调“航天飞机”可以像飞机一样重复使用，从而降低成本，而且每一架航天飞机的发射准备时间仅需两周，比一般火箭反应快，希望借此获得支持。他甚至还请来了经济学家进行分析证明。请来的经济学家断言“航天飞机”不仅可以在运行阶段节约资金，而且节约下来的资金还能偿还预付费用……总之，“航天飞机”简直美好得一塌糊涂。然而，国会还是不买美国宇航局的账。

托马斯·佩因只好另辟蹊径，他找到了美国空军。空军受宠若惊，一下子感觉美国宇航局好得像圣诞老人。想当初美国宇航局成立，军方的太空计划悉数被划归美国宇航局，美国空军一直心有不甘，因为有时候空军需要一些太空任务，比如侦察卫星和不便言说的其他事情。找到空军后，美国宇航局先是鼓励空军说出他们的太空需求，以及各种对运输工具的向往或埋怨。当空军说出来的时候，美国宇航局则说这些需求恰恰是未来的“航天飞机”能做到的。总之，美国宇航局希望空军支持“航天飞机”计划。

不幸的是，美国空军不傻，它看出了美国宇航局的心思，它开始讨价还价。根据最后的协议——这最后的协议简直太过分。美国空军仅提供政治支持，支持美国宇航局发展“航天飞机”，但是不会提供研制费用。美国宇航局不仅要独立承担所有研制费用，还要让空军完全使用“航天飞机”中的两架，并依照空军的要求设计航天飞机。

为了达到最后的目的，可怜的美国宇航局不得不任美国空军宰割。

这就是航天飞机诞生前美国宇航局遭遇的压力，这种压力如此之大，以至于第三任局长托马斯·佩因被迫选择辞职，他实在受不了这种“讨钱”和“谈判”的生活。然后，局长的宝座就空了七个月，随后才迎来了它的新主人——詹姆士·弗莱彻，美国宇航局第四任局长。

弗莱彻上任后，一方面开始调整“航天飞机”的设计，比如，把货舱砍小一半，把飞机设计得小点再小点；另一方面他开始寻求总统尼克松的支持。

也许是受前辈总统的影响，尼克松认为是否支持太空计划，是衡量美国总统能力大小的试金石。从前面所讲述的“阿波罗”登月中，我们知道尼克松非常喜欢宇航员，他甚至不远万里跑到太平洋的航空母舰上，而不是在华盛顿，亲自等候“阿波罗”11号的宇航员。

尼克松对传说中的“航天飞机”很着迷，美国宇航局局长弗莱彻拜访他时，特意带了一个“航天飞机”模型。尼克松从没见过有点儿像热狗的飞机，感觉很稀奇，很喜欢，他拿在手里，完全一副不愿还的样子。弗莱彻瞬间了然，有这样喜爱“航天飞机”的总统，“航天飞机”计划自然好办许多。

果不其然。1972年1月，尼克松总统批准了航天飞机计划，并高调赞美了该计划，说它就像“阿波罗”计划一样伟大。他实际上是在夸奖批准该项“伟大”计划的人……这一年年底，“阿波罗”17号从月球返回地球，已经丧失了新鲜头的“阿波罗”登月计划终于画上了句号。

新的“航天飞机”计划开始了。

测试用的“企业”号航天飞机

和“水星”计划、“双子星”号、“阿波罗”计划一样，“航天飞机”计划同样采取了承包制。航天飞机轨道器，就是那个飞机模样装载宇航员和货舱的玩意儿，由洛克威尔国际公司（北美人航空公司和洛克威尔公司合并而成）承建，航天飞机主发动机则由洛克达因公司承建。具体小组件，比如，一架航天飞机所需要的31 000块防热瓦由洛克希德公司负责研制。这些防热瓦就像国营旅馆的天花板一样容易脱落，必须精心安装，一个安装工人平均5天才能安上1块；航天飞机上的电脑则由IBM公司提供。航天飞机结构复杂，内部共有3 500个重要分系统和250万个零部件，

“企业”号航天飞机

在此不一一详述了。航天飞机的研制管理工作，由美国宇航局马歇尔太空飞行中心统一指导。

经过五年的研制，1977 年 2 月，美国宇航局终于迎来了第一架试验用航天飞机：“企业”号。

最初，这架航天飞机被命名为“宪法”号，以纪念美国建国 200 周年，但后来还是以电视剧《星际跋涉》中的“企业”号飞船命名。“企业”号航天飞机是一个纯粹的测试平台。

“企业”号研制出来后，便在加利福尼亚州肯尼迪空军基地，被一架改装的波音 747 飞机背着飞来飞去，反复进行各种返回与着陆的测试。它还屡次被竖起来，装配好燃料箱和助推火箭，在发射状态下进行测试。

在完成了各种测试后，“企业”号被收藏到博物馆里，直到 2003 年“哥伦比亚”号航天飞机解体事故发生，“企业”号上的防热瓦又被拆下进行测试，以调查“哥伦比亚”号失事原因。

“企业”号试验机研制成功后四年，第一架载人航天飞机“哥伦比亚”号才出现在发射场。

解体的“哥伦比亚”号航天飞机

1979 年 3 月，第一架实用的航天飞机“哥伦比亚”号从装配厂运到肯尼迪航天中心。

随行的还有洛克威尔国际公司 2 000 多名员工，他们将继续为“哥伦比亚”号安装 1 万多块防热瓦，还要替换 7 500 多块在运输中损坏的以及一些在风洞中验证会被吹落的。他们此前粘防热瓦用的胶水太糟了，而且防热瓦就像钙奶饼干一样，容易磨损和折断。

1981 年 4 月 12 日，苏联航天员加加林上天 20 周年之日凌晨 7 点，美国宇航局第一架航天飞机“哥伦比亚”号，静静地竖立在肯尼迪航天中心的发射场上，等待发射。

因为此前“航天飞机”被宣传成具有“划时代意义”，所以在现场等着观看发射的人有上百万。那家伙，真是人山人海，相当壮观。观众看到，“航天飞机”足有 60 米高，虽然比登月用的“土星”5 号火箭矮一半，但它似乎更肥胖，因为它由两支固体火箭、1 支外储燃料箱和 1 架被莫名其妙竖起来的飞机构成。普通民众一直都不知道原来“航天飞机”长这副模样，远远看到被竖起来的小飞机真像一只飞蛾叮在大腿上。

在地面上拍摄到的航天飞机：美国空军在毛伊岛用望远镜观察拍摄的“哥伦比亚”号航天飞机 1 月 28 日的身影

随着倒计时结束，航天飞机的尾部开始喷火，地面开始发颤，乍暖还寒的空气中传来巨响，人群开始欢呼。火箭和飞蛾起飞了，人类历史上又一个新型的航天器成功发射了。

航天飞机持续飞行了两天，总体上还算顺利，只是出了些小问题：货舱门打开后曾一度拒绝关上；零重力厕所失灵，宇航员较惨；返回地球大气层时，部分防热瓦脱落，所幸无大碍，没在飞机上烧出大洞。“哥伦比亚”号完成航天飞机处女航之后，降落在肯尼迪航天中心。

这次代号为 STS-1 的任务，正式开启了美国宇航局“太空运输系统”计划（简称 STS）的序章。至此，美国宇航局历史上第二个里程碑竖立成功。

“哥伦比亚”号航天飞机名字的由来，是为了纪念一艘穿越太平洋航行的美国籍船只“哥伦比亚”号帆船。该帆船曾从波士顿起程，横穿太平洋，到达中国广州，向当地人兜售了一船的水獭皮。由于这艘“哥伦比亚”号帆船名字十分动听，常给人一种女性柔美的感觉，所以后来美国海军第一艘军舰也被命名为“哥伦比亚”号，再后来美国宇航局“阿波罗”11 号飞船指令舱也被命名为“哥伦比亚”号，1981 年美国宇航局第一架航天飞机也被命名为“哥伦比亚”号。

然而，很不幸的是，2003 年 2 月 1 日，“哥伦比亚”号航天飞机在代号为 STS-107 的第 28 次任务重返大气层时，与控制中心失去联系，并且在不久后被发现在德克萨斯州上空爆炸解体。美国宇航局痛失了这架航天飞机以及 7 位宇航员。

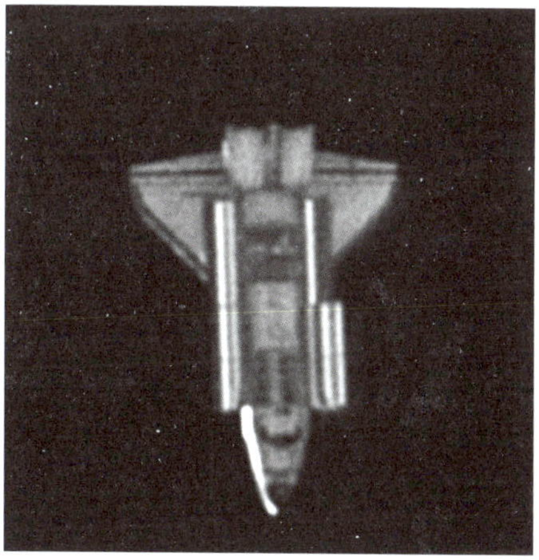
地面拍摄的太空中的航天飞机“哥伦比亚”号

“哥伦比亚”号第 28 次任务机长是里克·赫斯本德。事故发生前四天，他还在太空发表了纪念“挑战者”号航天飞机爆炸 17 周年的讲话，他说：“他们作出了无畏的牺牲，把他们的精力与生命献给了这个国家和全人类。”没想到四天

哥伦比亚 STS–107 次任务宇航员合影，他们已经在另一个世界了

后，赫斯本德和同机组的 6 位宇航员也要为此牺牲。其中，以色列宇航员伊兰·拉蒙则在出发前相信这次“哥伦比亚”号太空之旅会非常安全，因为他相信美国宇航局在经历“挑战者”号航天飞机失事后，对航天飞机的安全非常重视……然而，事情并不是这样。

由于事先预知“哥伦比亚”号将在上午 8 时飞过德克萨斯州上空，因此许多人在周末起个大早，希望目睹航天飞机的飞越，柯林汉夫妇便是其中之一。据他们说，他们看到航天飞机从西方的天空飞入视野，看到火焰以及航天飞机主体旁有 4 个物体……他们兴奋极了。他们以为航天飞机就该是这样壮观，直到看了电视报道才知道出事了。而目击者费罗利特则听到了声音，他形容听到的声音就像是汽车撞上了房屋一样。

“哥伦比亚”号解体后，带有剧毒物质的碎片散布在德克萨斯州东部约 190 千米长的狭长地带，一条 160 千米长的烟雾和金属微粒带还悬在空中，坠落的碎片也击穿德克萨斯州多间房屋屋顶，并且在居民区引发了火灾，至少 27 人受伤。美国联邦调查局发言人安吉拉·贝尔则在第一时间表示，没有直接证据显示航天飞机解体事件与恐怖分子有关。

事故发生后，美国宇航局和当地政府随即派出搜救组，赶往事发地，并告诫周围居民千万不要碰触坠毁的航天飞机碎片。然而偏偏有人乱触碰。据美国广播公司报道，美国宇航员劳雷尔·克拉克脖子上戴的一根项链上拴着她的结婚戒指，但在搜寻航天飞机残片中，这枚戒指竟被人从尸身上偷走了。

到底是什么原因导致了“哥伦比亚”号解体？很多人认为，“哥伦比

工作人员在搜集“哥伦比亚”号残片

亚”的失事是因为航天飞机防热瓦损坏造成的，是一次技术事故，但事故调查委员会最终认为，它是由技术、管理、文化等多方面原因导致的灾难。

2003年8月26日，“哥伦比亚”事故调查委员会公布了报告，报告指出，导致“哥伦比亚”号解体的直接原因是：“哥伦比亚”号发射升空后，一块泡沫撞击到防热瓦，形成裂缝。航天飞机在着陆时，超高温气体从裂缝进入机体，直接导致航天飞机解体。

报告同时指出：美国宇航局的疏忽和那块泡沫一样致命。美国宇航局没有独立的安全计划，缺乏安全文化，存在侥幸心理，不善于学习和总结，未表现出一个高科技机构应具备的特点。

报告还奚落了国会和白宫，说过去十年，美国宇航局承受了建设“国际太空站”的巨大压力，预算极为紧张，只得大量裁员，减少航天飞机的操作费用，安全问题因此被忽略……

2006年1月28日美国东岸时间早上10时，美国宇航局在肯尼迪航天中心举行活动，纪念三次美国航天灾难，并向罹难的17名宇航员致敬。三次美国航天灾难发生在1月27日（“阿波罗”1号火灾）、1月28日（“挑战者”号爆炸）及2月1日（“哥伦比亚”号解体）。

“挑战者”号航天飞机爆炸

“挑战者”号航天飞机是正式使用的第二架航天飞机，也许你还知道“阿波罗”17号登月舱也叫“挑战者”，没错，它们都是以曾经航行于大西洋和太平洋的英国研究船“挑战者”号为名。“挑战者”号航天飞机和“企业”号一样，建造初衷是作测试用，但在“挑战者”号完成了测试任务后，美国宇航局突然改变了主意，将“挑战者”号改装成正式的轨道器，并于1983年4月4日正式进行任务首航。

“挑战者”号航天飞机升空爆炸

“挑战者”号于1986年在代号为STS-51-L的第十次太空任务时，因为固态火箭推进器上的一个“O”形橡胶环被冻坏失效，导致一连串的连锁反应，在升空后73秒爆炸解体。机上的7名宇航员也全部丧生。

1986年1月28日，卡纳维拉尔角上空寒气逼人。在离发射现场6.4千米的看台上，聚集了数千名热情的观众，其中有19名中学生代表，他们既是来观看航天飞机发射的，又是来欢送他们的宇航员老师麦考利夫的。1984年，美国宇航局曾邀请教师参加太空飞行，以证明普通人也能安全地飞上太空。

“挑战者”号顺利发射；7秒钟后，飞机翻转；16秒钟时，机身背向地面，机腹朝天完成角度转变；59秒时，高度1万米，主发动机已全速工作，助推器已燃烧了近450吨固体燃料。此时，地面控制中心和航天飞机上计算机显示的各种数据均未见任何异常。65秒时，指令长斯克比向地面报告“主发动机已加大——”，这是地面中心收听到的最后一句话。

第73秒，“挑战者”号高度16 600米，航天飞机突然闪出一团橘红色亮光，外挂燃料箱凌空爆炸，航天飞机被炸得粉碎，两枚失去控制的固体助推火箭脱离火球，喷着火焰开始乱飞，肯尼迪航天中心负责安全的军官比林格手疾眼快，在第100秒时，通过遥控装置将它们引爆。据悉，爆炸碎片的一段残舱中有机组人员，他们在爆炸发生后显然仍然清醒。当残片从16 600米的高空坠落到海面上时，由于没有降落伞，他们在撞击水面时迅速死亡……

对美国宇航局来说，“挑战者”号是第一架遭遇损毁的航天飞机，是航天飞机即将转入常规运行阶段最糟糕的事。美国宇航局计划让航天飞机在 1986 年飞行 15 次，1990 年则要达到每年 24 次，彻底超越常规火箭的发射次数，以展现当初研制航天飞机的决定是多么英明。然而，伴随“挑战者”号的爆炸，美国宇航局曾经宣称的美好，瞬间被击碎。

“挑战者”号航天飞机的残片

事故原因最终查明：航天飞机助推器“O”形橡胶环破损未被重视，喷出的高温燃气烧穿了助推器外壳，继而引燃外挂燃料箱，液氢在空气中剧烈燃烧爆炸。

当然，美国宇航局的问题更多，面对糟糕的“O”形橡胶环，美国宇航局的态度竟然是“可以接受”。著名物理学家、诺贝尔奖获得者理查德·费曼批评说：“美国宇航局把产品的可靠性夸大到了幻想的程度……”

屡次冲锋陷阵的“发现”号航天飞机

“发现”号航天飞机是美国宇航局旗下第三架实际执行任务的航天飞机。首次飞行是在 1984 年 8 月 30 日，此后一直在服役，负责进行各种科学研究与作为“国际太空站”计划的支援。按计划，“发现”号将于 2010 年退役。

“发现”号的命名，源自于一艘 18 世纪时的英国探险船。在伴随著名的詹姆斯·库克船长探险中，“发现”号探险船完成了包括发现夏威夷群岛、新西兰乃至于确认澳洲大陆存在等功绩，而与“发现”号同行的另外

“发现”号航天飞机在太空

一艘探险船“奋进”号，也被美国宇航局后来拿去给另一架航天飞机命名。

“发现”号航天飞机的建造与在它之前的“企业”号、“挑战者”号、“哥伦比亚”号不一样，它属于第二期的产品。因此，“发现”号在设计组装的过程中撷取了许多来自“企业”号、“挑战者”号与“哥伦比亚”号的经验，设计上较为成熟。出厂时，其质量也较“哥伦比亚”号轻了3吨。

“发现”号是如此先进而轻巧，所以每次航天飞机发生灾难过后，都是“发现”号执行复飞。这也使它屡次成为新闻界不怀好心的焦点。

健壮的“亚特兰蒂斯”号航天飞机

1985年，“亚特兰蒂斯”号成为美国宇航局的第四架航天飞机。“亚特兰蒂斯”号是以美国第一艘远洋船舶的名字命名的，这艘轮船从1930年到1966年在马萨诸塞州的伍兹霍尔海洋研究所被用来进行研究。

关于“亚特兰蒂斯”的传说在西方一直神乎其神。无论是在《圣经》，还是在梵蒂冈保存的古代墨西哥著作抄本，都有过类似的叙述：地球上曾先后出现过四代人类。第一代人类是巨人，他们毁灭于饥饿；第二代人类毁灭于巨大的火灾；第三代人类就是猿人，他们毁灭于自相残杀；后来又出现了第四代人类，即处于“太阳与水”阶段的人类，处于这一阶段的人类文明毁灭于巨浪滔天的大洪灾。有意思的是，现代科学发现，在大洪灾之前，地球上可能真的存在过一片大陆，这片大陆上曾有高度的文明，在一次全球性的灾难中，这片大陆沉没在大西洋中。近一个世纪以来，考古学家在大西洋底找到的史前文明的遗迹，似乎在印证这个假说。在民间的说法中，人们把这片陆地叫做“大西洲”，把孕育着史前文明的那个国度叫做“大西国”。其实，科学界早就给这片神秘消失的大陆命名了，那就是沿用了柏拉图提出的名字：亚特兰蒂斯。

“亚特兰蒂斯”号第一次飞行就是美国空军的一次机密行动，它把两颗国防通信卫星送入太空。

此外“亚特兰蒂斯”号这架航天飞机其他一些引人注目的飞行行动，包括1989年将“伽利略”号和“麦哲伦”号行星探测器送入太空，1991年将“康普顿”太空望远镜送入太空。

年轻的“奋进”号航天飞机

“奋进”号航天飞机是美国宇航局旗下第五架实际执行太空飞行任务的航天飞机，也是最新的一架。首次飞行是在1992年5月7日，负责的任务中有不少是建设“国际太空站”。

“奋进”号航天飞机是美国航天飞机中首架由美国的中小学生命名的航天飞机，并由老布什总统在1989年正式宣布。如同美国航天飞机的命名惯例，“奋进”号的名字也是源自一艘早年的调查研究船，即库克船长在1768年第一次远征时所搭乘的一艘368吨级的三桅帆船“奋进”号。

“奋进”号是一艘“拼装版的航天飞机”，它是以“发现”号和“亚特兰蒂斯”号的建造剩下的零件为基础，额外组装出来以便替代“挑战者”号。当然，拼装并不代表会输人一截，事实上，因为是最后建造的，“奋进”拥有更多先进装备。

航天飞机降落点

航天飞机的降落点有很多，主要的有三个，即肯尼迪航天中心、爱德华兹空军基地和白沙降落场。肯尼迪航天中心前面已有介绍，爱德华兹空军基地是美国著名的空军基地之一，也以降落航天飞机而闻名。

爱德华兹空军基地位于美国西海岸的加利福尼亚州，离洛杉矶约 150 千米。基地创建于 20 世纪 30 年代，曾是“二战”中美国空军的训练中心之一。基地内现设有美国空军飞行试验中心、美国宇航局旗下的德莱登飞行研究中心等机构。爱德华兹空军基地是美国宇航局航天飞机第一备降机场(首选当然是肯尼迪航天中心)。自 1981 年“哥伦比亚”号航天飞机首飞，到 2005 年夏的“发现”号 STS-114 任务，在 111 次航天飞机降落中，有49 次降落于此。

白沙降落场是航天飞机迫不得已的最后选择，因为美国宇航局科学家认为白沙的沙子会破坏航天飞机的姣好外观。此外，为应对万一，美国宇航局航天飞机还有一些位于全世界的紧急降落点，包括西班牙的莫隆空军基地、瑞典斯德哥尔摩的阿兰达机场、法国的伊斯特斯机场、摩洛哥的贲卡介苗空军基地、夏威夷机场、澳大利亚的阿木伯雷机场等。

事与愿违的航天飞机

登月之后做事与愿违的事情，开始成为美国宇航局的特点。为了改变宇航局铺张浪费的形象，美国宇航局少数勤俭的科学家构思了可重复使用的航天飞机。为了集中资金和人力建造航天飞机，美国宇航局停止了包括“土星”号火箭在内的多个项目的研究，把所有鸡蛋都兴高采烈地放在了航天飞机这个篮子里。然而，航天飞机建成后一切都事与愿违，而事与愿违的倒霉事也仅仅是刚刚开始。

按照计划，美国航天飞机的寿命最多为 20 年，每架应飞行 100 次。然而截止到退役，5 架航天飞机加起来才飞行了 100 多次，其中 2 架已经爆

United States

炸，还损失了14位宇航员。发射费用也从原来估计的每千克约100美元，涨到现在的每千克1万美元，完全不是最初的设想。

虽然每架航天飞机都还没有飞够预定次数，但航天飞机已经严重老化，长期超期服役。航天飞机到底糟糕成什么样子了？曾第一次执行航天飞机飞行任务的宇航员约翰·杨说：“航天飞机上的任何零件都有可能因为你的尝试而失灵。”

2007年，美国宇航局维护航天飞机的经费占到了总经费的三分之一。航天飞机是美国宇航局的象征，却也已经成了鸡肋，食之无味，弃之可惜。美国航天作家马特·比尔曾经说：“目前这种状况确实让人痛苦，美国宇航局除了花费巨资、耗费时间对航天飞机进行维修外，别无他路。”

当然，我们也不能否认航天飞机的成就。

美国宇航局科学家曾对美国有线电视新闻网说，美国在载人航天上平均每投入1美元，就能收到9美元的效益，有3万多种民用产品得益于研制航天飞机发展出的技术，更不用说航天飞机100多次飞行带来的科学成果了……美国宇航局想说航天飞机是一个懂得感恩的东西。

目前，美国宇航局剩下的三架航天飞机已经全部退役。一个辉煌却也挫折的时代结束了。而美国针对小型的可重复使用的空天飞机计划，依旧没有停止。目前，美国空军试验的X-37B空天飞机已经发射成功，外形酷似“迷你”航天飞机。空天飞机也许是未来航空航天、军事装备的新趋势。

航天飞机STS-117次发射后美丽的肯尼迪航天中心上空

第九节 美国的太空站计划

如前所述，对“太空站”这个概念的描述，至少可以追溯到 1897 年。但美国人认为“太空站”这个概念还可以往前追溯，那就是 1869 年有一位美国小说家第一个描述了天空中若有一块人居住的“月亮砖”，可以为海上的船导航。

1981 年，美国宇航局发射了世界上第一架航天飞机，风光无限，顿时成了全世界瞩目的焦点。然而，苏联并没有因登月失败而自暴自弃，他们继续他们的雄心，默默无闻地发射了 6 座太空站，在太空站方面积累了大把的技术和经验，比如，1980 年航天员波波夫和柳明创造了在太空飞行 185 天的超长纪录，再次把美国宇航局远远地抛在了后面。

20 世纪 60 年代末到 70 年代初，美国宇航局正全心全意为登月服务，而苏联人看到美国国旗插上月球之后很痛苦，痛苦之余他们另辟蹊径，设想建造一个能长时间停留在太空的东西，或许能让美国人怕一怕。于是他们将主要人力、物力投入到太空站的建设上，并把太空站作为自己的一项基本国策。

与苏联相对理性的太空站战略不同，美国宇航局当初发展太空站的战略是“跳跃”式的，即重视先进性，忽视连续性和继承性，目的是少花钱、多办事。但几十年的建造结果表明，美国宇航局的这种太空站建设策略是失败的，它致使美国目前为止仅仅独立发射过一座太空站——“天空实验室”。

1967 年，美国宇航局马歇尔太空飞行中心提出了一项“太空站计划”——作为“阿波罗”计划的一部分。为了节省资金，该中心提出尽可能多地利用“阿波罗”的部件和技术，干点别的。这个计划后来演变成“天空实验室”计划。

2000 年，建设中的国际太空站

“天空实验室”计划是个过渡性的折中计划。首先，美国宇航局认为“天空实验室”是未来太空站的一个过渡计划，是必不可少的，带有试验性质；其次，一部分美国宇航局科学家批评“阿波罗”登月计划的科学意义不足，干脆搞个太空站，做几项科学研究。

尼克松总统钟情于航天飞机，这使“天空实验室”计划一度受到冷遇，但 1971 年，苏联率先发射了“礼炮”1 号太空站，迫于压力，尼克松总统和美国宇航局加紧了建造“天空实验室”的速度。

1973 年 5 月，用“阿波罗”计划剩余工料制造的东西被命名为“天空实验室”，“土星”火箭将它发射到太空。需要说明的是，美国宇航局为了追求“跳跃”式发展，“天空实验室”竟然没有安装轨道机动系统，也就是说它不能调整自己的轨道高度。因此，“天空实验室”灵活性极差，寿命也比较短。

不过，“天空实验室”也有值得称道的地方，那就是它的容积比较大，像个二层小楼，宇航员生活极为舒适。它的乘员可以享受有私人隔间的睡袋，有餐桌的公共活动室，一星期一次的淋浴设施，气吸式的马桶。宇航员还可以刮胡子，可以烹饪龙虾、里脊、牛排等。美国宇航局甚至还要在宇航员的菜单中增加葡萄酒，但因遭到妇女基督教协会的抗议而作罢。

当然，“天空实验室”也有不舒服的地方，尤其是每餐都吃浸泡洋葱的调料，难免要放屁，造成空气污染，影响宇航员心情。在“天空实验室”工作的第三批宇航员比尔·坡格曾说：“我们不得不排出那么多气，一天排500次的日子很不好过，唯一的补偿办法是——每人的排量相等。”

“天空实验室”特写

美国宇航局“天空实验室”对太空医学的研究贡献很大，但由于美国登陆火星的计划被取消，因此太空站的作用变得微乎其微。“天空实验室”计划唯一的价值是填补了“阿波罗”计划与“航天飞机”计划之间的空当，充分利用了差点被解雇的专家和差点进博物馆的设备。

“天空实验室”总共在太空中运行了2 249天，本来它期待航天飞机能把它推高一点，以避免坠落，但由于1979年航天飞机还没建好，不能如约而至，因此它只能在南印度洋陨落。

“天空实验室”坠毁事件很快被搞成了商业炒作。此前便有人打赌它能否按时坠毁，无数人下注；而等到“天空实验室”坠落后，又有人悬赏1万美元，看谁能把第一块碎片送到他们洛杉矶的办公室，最后澳大利亚17岁青年斯坦桑顿，从他家的房顶上捡到了“天空实验室”的碎片，并搭乘飞机赶到洛杉矶赢取了大奖。

与此同时，在澳大利亚西部举行的“环球小姐”赛场上也不平静，一块“天空实验室”碎片竟突然出现在了选美舞台上。在坠落过程中，一部分物件还意外坠落到了澳大利亚西部的埃斯佩兰斯市，该市为这堆垃圾向美国开出了400美元的罚款。

“天空实验室”自1973年5月14日发射升空后，先后接待过三批共9名宇航员，载人飞行170多天，拍摄了182 842张太阳活动照片、40 286张地球表面照片，并且记录了101 000多米长的磁带。

美国宇航局对“天空实验室”的评价一直极高，因为这是他们独立发射的唯一一座太空站。

“自由”号太空站构想

自从1979年“天空实验室”陨落，美国已经好几年没搞太空站了。1986年之后，“挑战者”号爆炸事件阴影不散，美国宇航局的太空计划备受指责和冷遇，与此同时，苏联的太空站建设却如火如荼，吸引了全世界的目光。为了一扫窘境，美国宇航局开始酝酿新的太空计划。新的太空站计划就是现在的“国际太空站”的前身。

美国宇航局决定开始酝酿太空站计划之后，很快，一个奇怪的说法浮出舆论，那就是“晶体在太空中生长得要比在地面上好”。这一说法十分贴合美国宇航局太空站计划的支持者的理论。美国宇航局科学家马上断言，在太空中生长的晶体确实是最好的。太空仿佛具有某种能使跛者行走、盲者复明的神奇魔力。

美国宇航局科学家埃里克甚至附和说：“我们可以在太空发现治愈癌症的办法。”可怜的埃里克只是宇航局一名火箭专家，他没有任何医学研究背景。里根总统甚至也说：“只有在太空才能生产救生药品。”紧接着受人尊重的《航天学和航空学》杂志也发表了一篇以“太空加工”为题的文章，阐述美国不是简单地在太空创造新材料，而是要开辟一个新的技术文明时代……在这样一级级、一遍遍的宣传中，人们忽然开始关注太空站的价值，发现它确实大大的有用。

而在华盛顿的美国宇航局总部以及白宫，有将不确定的想法变成永久计划的神奇程序。航天飞机和“哈勃”太空望远镜计划就是其中最典型的例子。整个20世纪70年代，美国宇航局都在吹嘘航天飞机如何低成本，如何高效用。在把别人吹蒙之后，航天飞机计划最终获得了批准。但我们都知道，1986年“挑战者”号事故之后航天飞机发射维修成本开始飙升。甚至当年被美国宇航局拖下水的美国空军，也开始叫苦不迭，声泪俱下控诉美国宇航局将国家卷入太深而无法退出。在太空站计划上，美国宇航局打算走同样的路，玩同样的把戏。

1980年，太空站的支持者们声称太空站的研制成本仅仅是80亿美元。而美国白宫管理与预算局的道格拉斯·皮威特洞若观火，他一度负责美国宇航局的预算，他在1983年12月里根总统批准太空站计划前曾预言：“80亿只是买入价，并不是宇航局想要的数。”“他们在工程完工前将花费300亿美元。”果不其然，到1987年1月太空站初步设计完成后，美国宇航局“大吃一惊”，它的成本竟然暴涨到了145亿美元。而那时，太空站计划已经获得里根总统批准了，谁也没法打退堂鼓了。

众所周知，自尼克松总统开始，美国总统们都总结了一条，是否支持太空计划，将严重影响民众对总统是否有能力的判断，所以他们都希望在任内有大的太空计划出台。肯尼迪声嘶力竭宣称要登月，获得了最高评价；约翰逊总统一如既往支持肯尼迪的登月，也获得尊重；尼克松总统任内成就了登月，并且他的名字还签到了月球上，他更是大笔一挥，批准了“伟大”的航天飞机计划；小布什总统也不例外，他在2004年帮助美国宇航局宣布了“重返月球”的计划……而20世纪80年代的里根总统，他在太空计划上该干点什么呢？其实他很清楚。

1983年12月，里根总统正式批准了太空站计划。1984年，里根在国情咨文中宣讲此事，文章中甚至有模仿肯尼迪演讲的味道：

> 快速增长的经济刺激了主动性和独创性。没有什么地方比我们的下一个疆界——太空更实在。没有什么地方能让我们如此有效地证明我们的技术、我们的领导力、我们能使自己在地球上生活得更好的才干。
>
> 我们能再次获得成功。我们为了和平、经济、科学，跟随我们的梦想飞到太空。今晚，我命令美国宇航局建造一个永久的载人太空站，并将在十年内完成。
>
> 太空站将使我们在科研、通信和只能在太空生产的金属、药物研究提供突破。

里根总统把新的太空站命名为“自由”号。好一个“自由”号，一切如预算局的道格拉斯·皮威特所料，1991年“自由”号太空站的成本暴涨到380亿美元。此时，里根总统已经下台，不合时宜的老布什上台，面对如此高昂的预算，“自由”号太空站计划失去了信任与支援。

老布什总统当时之所以不支持太空站计划，是因为他满心欢喜地提出了“重返月球”的“宏伟”计划。显然，该计划更不靠谱。此事，只能等2004年由他儿子——小布什再次提出，再次遭受冷落。

对于生米煮成熟饭的太空站计划，美国物理协会理事长曾公开表示反对，他指责美国宇航局纯粹是浪费钱。随后14个协会的理事长也联名发表声明批评太空站计划，美国晶体协会也没例外。总审计长在国会指出，380亿美元仅仅是建造成本，加上30年的运行开销，加在一起可能会是1180亿美元——这是一个天文数字。

1993年，克林顿总统就职。那一年对太空站的支持者而言是极其寒冷的。在对太空站计划进行表决时，太空站仅以一票幸存。

后来针对太空站的投票差距总算拉开了，因为克林顿善于让投反对票的人出席不了投票会议，换句话说，克林顿总统支持太空站计划。前提是“自由”号太空站必须改名，因为美国太空站计划迎来了一位想都没想过的救世主，它就是憨态可掬的北方大熊——俄罗斯，而这仅仅是开始……

被迫开启国际合作

令人讨厌的冷战结束的标志是什么？有人说是苏联解体，有人说是柏林墙倒塌，抑或是别的什么东西。但也许美国和俄罗斯联合组建“国际太空站”才是冷战结束的真正标志，因为太空是冷战最具标志性的战场。

国际太空站正在建设中……

两个曾经的仇敌终于在太空站计划上握手言和了。而这其中，有一个人很重要，他就是当时的美国宇航局局长丹尼尔·戈尔丁，他是美俄联合组建“国际太空站”的促成人和签字人。他的格言也挺逗：“一个世界，一个站!”

1993 年 1 月，克林顿就任总统，克林顿和老布什总统任期内的美国宇航局局长丹尼尔·戈尔丁相谈甚欢，于是他保留了戈尔丁的职位。戈尔丁任期内一直宣扬“更快、更好、更省”的理念，使美国宇航局顺利承受了预算削减的苦痛。戈尔丁不喜欢载人飞行计划，比如，航天飞机。1994 年，美国军方越俎代庖，用 5 500 万美元的极低成本发射了小巧玲珑的“克莱门汀”号月球探测器并取得丰硕成果，这让戈尔丁大受刺激，他发誓他更喜欢无人自动探测计划。在他的支持下，停滞十几年的行星探测计划开始复苏，花费不多的火星、金星、木星无人探索计划重新开始酝酿。同时，“火星探路者”、“哈勃”太空望远镜等计划也接连实施。

戈尔丁还在美国宇航局内进行大张旗鼓的改革，他称之为“文化革命”，目的是要建立一个“新”的美国宇航局，改掉墨守成规的官僚作风。他要让大家意识到“成本”和“成功”同等重要，同时意识到他戈尔丁是个不折不扣的激进派。戈尔丁给美国宇航局注入了新的活力，但也埋下了隐患，日后的一些美国探测器将因为资金少而缺斤少两，导致失败。

当时，苏联解体之后，经济一落千丈，它的继承者俄罗斯的社会制度也发生剧变，政策上一度主张倒向西方，于是各种国际合作有了可能。而那时美国宇航局正为独立开展太空站的巨额预算而头疼，因为它严重缺乏建造太空站的技术和经验，一切都要从头开始，很麻烦。戈尔丁万般无奈下突然顿悟：为何不与穷困的北方大熊俄罗斯合作，利用它的技术，联合建造一个太空站?

于是，在克林顿总统的授权下，戈尔丁开始为太空站计划而在美俄之间奔走。

1992 年，戈尔丁让莫斯科的航天员乘航天飞机飞行，同时把美国宇航员送上“和平”号太空站来制造合作的美妙气氛。与此同时，俄罗斯的

“和平”2号太空站计划，也遇到了比美国宇航局更严重的预算危机，该计划被迫停止。

1993年3月中旬，戈尔丁给俄罗斯对手写了一封信，提议“和平”2号太空站计划与美国宇航局的太空站计划合并，大家共同建造一个太空站。同时，美国宇航局派出代表团访问俄罗斯，高度赞扬俄罗斯（苏联）的“礼炮”号与“和平”号设计师是如何如何了不起，邀请他们在方便的时候帮助设计一下美国的太空站。

此后，事情顺利得出奇。

几周后，叶利钦总统表达了他对联合建设太空站的祝福。仅仅在戈尔丁给俄罗斯写信之后三个月，俄罗斯航天局便与美国宇航局签订了正式协议。同年8月，俄罗斯总理与美国副总统之间的高层协议也签署完毕。根据协议，美国将每年为俄罗斯的太空事业提供四亿美元援助。两国的工程师也很快设计出了今天的“国际太空站”。美国和俄罗斯这对曾经的冤家，一时间成了亲密的兄弟。

美俄对太空站的盎然兴趣迷惑了其他国家。加拿大、日本、欧洲航天局也都想参与进来。宇航员名额，一时也成为美国总统出访的外交礼物。这让美国宇航局乐不可支，因为从根本上讲，美国还真不情愿把所有赌注都压在一个社会主义国家身上，有了这些财力雄厚的发达国家支持，太空站计划简直如鱼得水，前程似锦。

为了分担压力，美俄同意接纳欧洲航天局、日本、加拿大等。1998年1月，15个国家共同签署了组建“国际太空站”的协议，他们分别是美国、俄罗斯、日本、欧洲航天局11个成员国（比利时、丹麦、法国、德国、意大利、荷兰、挪威、西班牙、瑞典、瑞士、英国）。后来，巴西航天局也搅和进来。其中，美国宇航局负责管理“国际太空站”。

那段时间真是一个国际合作热潮，戈尔丁甚至还邀请中国参与“国际太空站”，但由于多方面原因而未能成行。幸好未成行，因为“国际太空站”很快将变成参与国的“鸡肋”。

那么，由有许多国家出资出物组建的太空站该叫什么名字呢？

国际太空站

“国际太空站”现在的名字其实是不同命名之间妥协的产物。“国际太空站”最初提议的名字是“阿尔法”太空站，但遭到俄罗斯的反对，俄方认为这样的命名暗示“国际太空站”是人类历史上第一个太空站，可事实上苏联（俄罗斯）先后成功地运行过八个太空站，这不公平。

俄罗斯提议将太空站命名为“亚特兰大”，但是这个议案又遭到美国的反对，美方认为亚特兰大的读音和拼写太接近传说中沉没的大陆“亚特兰蒂斯”，似有不祥之兆，而且“亚特兰大”这个名字也容易与美国的“亚特兰蒂斯”号航天飞机混淆。

虽然“国际太空站”的命名没有采用最初的“阿尔法”，但是太空站的无线电呼号却是“阿尔法”，这个呼号是太空站第一批乘员登站时确定的。当时“国际太空站”的名字仍然未定，美国宇航局局长戈尔丁便给太空站取了一个临时呼号“阿尔法”，这个呼号沿用下来，成为太空站的电台呼号。

国际太空站

1998 年，俄罗斯制造的“曙光”号功能货舱发射升空，人类历史上最大规模的“太空积木”——“国际太空站”开始装配。同年 12 月，由美国制造的“团结”号节点舱升空并与“曙光”号连接，2000 年 7 月“星辰”号服务舱与太空站连接。2000 年 11 月首批宇航员登上“国际太空站”。

按照计划，整个太空站建设将持续到 2002 年 6 月，在这期间要完成 73 次发射，总成本大约为 940 亿美元，寿命 30 年，容纳 7 名宇航员。建成后的太空站将全长 87 米，宽 108 米，重 440 多吨，和波音 747 飞机差不多大。

然而，计划不如变化大。“国际太空站”的预算远远超过了美国宇航局当初的预计，其建造时间表也比预定的要晚，2003 年“哥伦比亚”号航天飞机失事后，美国宇航局停飞了所有的航天飞机，更让“国际太空站”建设雪上加霜。

在航天飞机停飞的两年半时间里，太空站的人员和物资运输完全依赖俄罗斯的“联盟”号飞船，太空站上的科学研究活动也尽可能地被压缩。太空站的建设在航天飞机复飞后恢复，这使得“国际太空站”的建设时间表也一拖再拖。

一切都太麻烦了。

“国际太空站”的尴尬现状

“国际太空站”目前运行在距离地面大约360千米的太空，环绕地球一圈的周期是92分钟。由于大气阻力和重新启动等影响，太空站的实际高度有时会发生数千米的飘移。

“国际太空站”在很多方面都表现出是此前若干未成形计划的组合体：俄罗斯的“和平”2号太空站、美国的“自由”号太空站以及欧洲的“哥伦布”号太空站。

现在，“国际太空站”已成为人类在太空存在的一个永久标志，自从2000年11月之后，“国际太空站”上就一直保持至少两名宇航员至今。也就是说每天晚上当我们鼾声四起时，总有两个人绕在我们头上飞来飞去，不停歇。

国际太空站曾经的驻站宇航员

美国宇航局对“国际太空站”到底持什么态度？这让它的国际同伴们很着急。其实“国际太空站”到底干什么用，美国宇航局至今也说不明白，“只管建、不管用”一度是它的指导方针。

依照目前的报道，“国际太空站”已于2011年5月建成，可根据原计划，“国际太空站”的使用寿命是至2020年。也就是说伟大的“国际

国际太空站看日落

太空站”建成后 9 年就将坠落。

种种迹象表明，“国际太空站”现在已经是美国宇航局的“累赘”和“包袱”。美国宇航局现在所能做的就是硬着头皮，把“国际太空站”组装完，不能让它变成“烂尾楼”，否则，美国宇航局没法向其他国家交代。

太空站的支持者则认为批评者目光短浅。他们认为载人太空探索会给地球上的每个人带来切实的好处。有评估指出，“国际太空站”计划所开发的技术投入商业应用，会间接带动全球经济，其所带来的收益将是最初投资的七倍，一些相对保守的估计则认为此种收益至少是最初投资的三倍。

还有一些支持者认为，即便“国际太空站”在科学上的意义为零，仅其发挥的国际合作纪录，也足以令整个计划彪炳史册。总之，对于人类而言，好事破事全凭一张嘴。

第十节　把太阳系探索个遍

1961 年 2 月，苏联第一个发射了“人造卫星”7 号，目标直指金星。

苏联人的太空雄心，一再刺痛美国人。美国深知，在深空探测方面，美国人绝不能落后于苏联。

美国宇航局看到苏联对金星的野心持续不断，格外着急，立即决定兵分两路，在准备登月的同时，拿出一部分人力和财力来探测太阳系行星。于是，喷气推进实验室开始对“徘徊者”月球探测器进行改造，制造出了

第一次探索金星的美国“水手”2 号

“水手”（Mariner）系列行星探测器。

1962 年 7 月 22 日，美国宇航局第一颗金星探测器——“水手”1 号发射。很不幸，携带探测器的火箭起飞后竟鬼使神差向不该飞的方向飞去，无奈之下，只能被美国空军摧毁了。

当年，8 月 27 日，美国发射“水手”2 号。探测器从距金星 34 800 千米处飞过，探测了金星的大气温度，揭开了人类成功探测金星的序幕。

事实证明，没有谁比美国宇航局更喜欢火星了。

美国宇航局对火星的探测开始于 1964 年，它落后于苏联，但却取得了成功。美国宇航局在金星上没能竞争过苏联，但在火星探测上找到了平衡。

1964 年 11 月，美国宇航局从“水手”计划中抽调“水手”3 号进行火星探测。这是美国首次发射的火星探测器，同苏联一样，它也以失败告终，不过这很正常。紧接着，“水手”4 号也于当月发射，它于 1965 年 7 月 14 日抵达距离火星表面不到 9 800 千米的地方，拍摄了 21 张火星照片，同时探测到火星大气压还不到地球的 1%，终结了所有事关火星人的科幻小说。“水手”4 号取得了前所未有的成功。

1969 年 2 月和 3 月，火星再次运行到距离地球最近的地方。美国宇航局喷气推进实验室又调配了两个“水手”探测器——“水手”6 号、“水手”7 号飞往火星。两个探测器绕这颗行星的赤道和南极地区飞行，拍下了 200 多张照片。发现火星的外貌如同月球，表面坑坑洼洼，布满了环形山，并对火星上的大气及其表面进行了分析。

1971 年 5 月 8 日，美国发射了“水手”8 号火星探测器，不过该探测器发射后不久便失去控制，栽进了波多黎各附近的海水里，去探测地球海

从火星传来的第一张照片

洋了。

30 日，美国“水手”9 号火星探测器发射。以前的“水手”系列飞船都只是飞掠火星，然后抓住短暂的时间拍几张照片。从“水手”9 号开始，美国人尝试让探测器长时间绕火星飞行，就像人造地球卫星一样。结果他们成功了。“水手”9 号环绕火星将近两年，拍了 80%的火星表面，发回地球 7 000 多张照片。此外，还找到了一个令他们震惊的发现——火星上竟然有河床，这似乎与一个世纪前的火星“水道”“运河”说异曲同工。不过，“水手”9 号并没有找到天文学家洛威尔经常画的那些火星条痕。洛威尔曾经年复一年画同样的火星条痕，他仿佛看到了什么——到底是洛威尔的眼睛有问题，还是火星确实存在这样的痕迹，至今还是一个谜。

1971 年，由于太阳系探索计划越来越庞大，美国宇航局喷气推进实验室有点忙不过来，这时美国宇航局兰利研究中心趁热闹也加入了进来，它和马丁玛丽埃塔公司正在建造“海盗”号（Viking）探测器，它能环绕火星，也能在火星着陆，而且它携带的相机也比“水手”系列探测器要先进。

1975 年 8 月和 9 月，“海盗”1 号、“海盗”2 号探测器相继发射，成功在火星表面着陆。通过对火星物质的检验，发现火星上存在生命的可能性几乎为零。不过，这次探测发现了一个日后风靡全世界的东西——火星人脸。

1976 年 7 月 25 日，宇航局科学家公布了一张从“海盗”号轨道器拍摄的火星地图，该地图里竟然有一张类似人脸的奇异地貌，而且该“火星人脸”看起来特别像埃及法老的脸，一副惊世错愕的表情……这个火星人脸如此之酷，以至于它注定要成

火星人脸

为20世纪最著名的脸，足以媲美切·格瓦拉（和古巴卡斯特罗同时代的拉美英雄，很多铁质香烟盒、T恤衫上都印着）的脸。

美国宇航局的科学家之所以公布这张有趣的照片，本意是让大家乐一乐，吸引公众对火星的探索兴趣。不承想，这张“火星人脸”迅速占据了大报小报的版面，吸引了几乎所有公众的目光。

很快，这张人脸越传越神，有人干脆宣称这张略带惊愕的“火星人脸”表明火星曾经存在高度发达的文明，而“火星人脸”附近的一些破石头、碎土块，也越看越不平凡，越看越像“金字塔”和“城市”遗迹什么的……

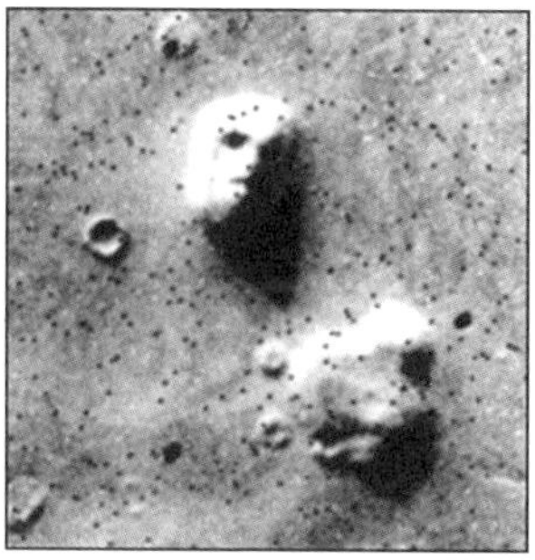
火星人脸

“火星人脸”几乎成了新时代的宗教。这张脸迅速占领了媒体的每一个角落，从报纸杂志到广播电视，从喷绘到T恤衫……在美国，有一段时间甚至可以在任何地点看到这张惊愕的脸瞪着你。

“火星人脸”事件持续升级。有人要求给登月后预算被削减的美国宇航局增加预算，这让美国宇航局科学家受宠若惊；也有人要求美国政府即刻公布隐瞒很久的关于火星上存在文明的秘密；而不相信“火星人脸”的人则公开指责美国宇航局借此炒作，骗取预算，为此，美国宇航局哭笑不得。

现在，如果你用“Face on Mars”作为关键词搜索互联网，依旧能找出成千上万个有关“火星人脸”的网页——其中，既有信仰者，也有鄙视者。

“海盗”火星探测计划之后，美国航天预算逐渐吃紧，只得集中全力搞航天飞机和天空实验室，无人探测活动基本不受重视，火星探测被迫停止。没想到，这一停就是17年。直到1992年9月才发射了“火星观察者”号（Mars Observer）探测器。

然而，“火星观察者”太不争气，飞到火星后拍了一张黑白照片便失踪了。火星探索被迫再次中止，又搁置了四年。这期间有阴谋论者认为“火星观察者”根本没有失败，美国宇航局刻意隐瞒了“火星观察者”的目的，它其实是专门去研究“火星人脸”的，并大有收获……对此，美国宇航局则矢口否认。

“火星观察者”失败之后的四年间，又发生了一件令火星探索不能停止的重大事件。

1996 年 8 月，美国宇航局科学家大卫·麦凯宣布，火星陨石 ALH84001 含有小虫子（微生物）化石。该陨石是美国国家自然科学基金会陨石搜寻小组成员罗伯特·斯科尔 1984 年在南极捡到的。这就是说，火星上有生命。

这个消息像“火星人脸”一样，立即引起了轩然大波，支持美国宇航局的声音一浪高过一浪。美国宇航局正巧顺势于当年发射了“火星全球勘探者”（Mars Global Surveyor）和“火星探路者”（Mars Pathfinder）探测器，恢复了对火星的探测。

“火星全球勘探者”是美国宇航局新“火星探索”计划的先遣兵。新出炉的“火星探索”计划要在 1996—2005 年间每隔 26 个月（火星每隔 26 个月靠近地球一次）发射两颗无人火星探测器，最终确定火星上是否存在生命。1996 年 11 月，美国宇航局发射了“火星全球勘探者”，12 月 4 日发射了“火星探路者”探测器。

火星全球勘探者

“火星全球勘探者”一年后进入火星轨道，竟然首次利用太阳能帆板进行了刹车。它利用高分辨率成像系统绘制了火星地图，帮助未来的“勇气”号和“机会”号火星车寻找着陆点，为后续的探测器提供中继通信服务。“火星全球勘探者”传回的数据显示火星两极存在大量的冰，甚至可能有液态的水，这预示着生命存在的可能性。它异常长寿，至今仍在工作。

“火星探路者”经过 7 个月的飞行，于 1997 年 7 月在火星表面成功着陆，然后用遥控火星车进行了考察。

它发回了蔚为壮观的火星全色全景照片，使人类对火星地表景观有了更直观的认识。同时深入研究了火星气候，对火星岩石和土壤也有了初步了解。

它还找到了一些支持火星生命说的证据，并创下了若干项第一：第一个在超音速的高速度飞行情况下，使用降落伞和气囊软着陆；第一个在火星上以漫游车方式进行探测，大大扩展了探测范围，发回了 1.6 万张彩色照片、15 份岩石土壤分析数据、大量有关火星气候的数据。这次探测费用只是当年“海盗”火星计划的五分之一，是质优价廉的一次火星探测。“火星探路者”于 1998 年 3 月停止了工作。

这两颗廉价高效的火星无人探测器取得了巨大成功，人们开始对局长丹尼尔·戈尔丁倡导的“更好、更快、更省”的方针很满意。不过，这种好景，转瞬即变。

按照新的火星探索计划，美国宇航局分别于 1998 年 12 月和 1999 年 1 月又发射了“火星气候轨道器”（Mars Climate Orbiter）和“火星极地着陆器”（Mars Polar Lander）。发射这两个探测器的目的是为了进一步确认火星上是否存在生命和水。然而，这一轮火星探测极不顺利，“火星气候轨道器”被火星大气层烧毁，“火星极地着陆器”则不知去向，喷气推进实验室因而受到各方责难。批评者开始将矛头直指宇航局引以为豪的“更快、更好、更省”方针，认为人力不足和资金不够是导致火星计划失败的主要原因。

有专家指出，“更快、更好、更省”的目标很好，但不可能同时实现，三者最多只能取其二。不过，彼时美国宇航局局长已经不是戈尔丁了。

两次失败后，喷气推进实验室重整旗鼓，在 2001 年 4 月又发射了

“2001 火星奥德赛”（Mars Odyssey）探测器。该探测器的名字显然深受科幻电影《2001 太空奥德赛》的影响。该电影于 1968 年公映，幻想 2001 年的事，是科幻影片的经典之作，有人甚至认为它是“第一部真正意义上的科幻电影”。这部影片太经典了，以至于没几个人能看懂，只能轻轻感受到它不小心泄露的天机。

2002 年 3 月 1 日，美国宇航局庄严地宣布，“2001 火星奥德赛”传回的火星南极图像和数据表明，火星上有大量的冰……美国宇航局随即掀起了对火星探索的新热潮。

2003 年 6 月和 7 月，美国宇航局又执行了“火星漫游者”计划（Mars Exploration Rovers），发射了“勇气”号（Spirit）和“机遇”号（Opportunity））两辆火星车（其实是机器人）。此前日本的“希望”号火星探测器和欧洲航天局的“猎兔犬”2 号着陆器都已失利，这使“勇气”号和“机遇”号着陆火星备受关注，人人都在等着坏消息出现。不过，它们却获得了成功。

分别着陆后，两辆火星车开始寻找火星存在水的证据。它们铲起泥土，开凿岩石，分析样本，不断地向地面发回岩石、土壤和大气的信息，并拍摄大量图片。数据发回地球后，由喷气推进实验室科学家进行分析。它们成功着陆并发现火星有水的新闻，曾被中国评为“2004 年世界十大科技进展新闻”之首。

2005 年 8 月，美国宇航局又如约发射了“火星勘测轨道飞行器”（Mars Reconnaissance Orbiter），该探测器能分辨火星表面足球大小的地方，同时它也要为“勇气”号和“机遇”号火星车精确导航，为“凤凰”号火星着陆器考察着陆点。

目前，正在火星上工作的美国探测器有 2 个火星轨道探测器（即“火星勘测轨道飞行器”、“火星奥德赛”），2 辆火星车（即“勇气”号和“机遇”号），1 架“凤凰”号（Phoenix）着陆器。“火星实验室”号（Mars Science Laboratory）正在飞赴火星的路上。美国未来还将发射“火星大气与挥发物演化”探测器（Mars Atmosphere and Volatile Evolution）和“超越”号（Beyond）火星表面飞行器……美国已经发射了21颗火星探测器。

除了直接研究火星，美国宇航局的科学家也在地球上寻找类似火星地貌的地方。2006年艾姆斯研究中心的科学家，还曾到中国新疆西北干旱沙漠考察，他们认为那里的环境十分严酷，糟糕得就像火星。

除了对火星、金星进行探测，美国宇航局还对整个太阳系甚至更远的地方进行了探测。1977年发射的探索太阳系外层行星的“旅行者”1号飞行器，经过35年的飞行，现在距离太阳180亿千米，已经抵达太阳系的

“旅行者”号探测器正在太阳系边缘

边缘地区，即将进入太阳系外空间，成为第一个飞出太阳系的航天器。

除了与苏联全力竞争，美国航天很注重科学上的成果。在美国宇航局看来，搞清楚“我们是谁？我们为什么在这里？我们将要到哪里去？人类是宇宙中自然而然的现象吗？我们是宇宙中唯一的生命吗”等一系列问题很重要。美国宇航局从成立之初，便把寻找这些问题的答案作为己任。

在此精神指引下，美国宇航局的科学家们很早便提出了“先驱者”“旅行者”（Voyager）等计划，探索外行星、飞越太阳系、寻找外星人。

20 世纪 70 年代初，当兰利研究中心执行“海盗”火星计划时，喷气推进实验室正处于暂时的寂寞之中，但是它没有停歇，它正在酝酿探索新世界的计划——利用大推力火箭，把探测器发射到木星以外的宇宙深处去。

不过，该计划一度遇到了貌似不可解决的困难，那就是即便用最大推力的火箭为探测器加速，探测器到达天王星的时间仍需要 16 年，到达海王星的时间则需要 30 年。人生苦短，谁能玩得了这么一个漫长的计划？

然而这个问题很快得到了解决。喷气推进实验室的盖瑞·弗兰德罗发现了一个绝妙的星相：未来 12 年内太阳系行星将以一个罕见的形式排列，而经过这些以恰到好处的位置排列的行星，可为探测器逐级加速，可大大缩短到达遥远空间的时间。事实上，到达海王星的时间，不是 30 年，而是 9 年。机不可失，喷气推进实验室马上开始了他们酝酿已久的新计划。

当时的喷气推进实验室主任皮克林，提议建造一个由 4 颗探测器组成的编队。其中两颗探测器按“木星—土星—冥王星”飞行，另两颗按照“木星—天王星—海王星”路线飞。然而，他们很快又遇到了困难。虽然天上的星相十分吉祥，甚至连占星师都这么说，但美国宇航局总部划给他们的预算却不吉祥，只有区区的 7.5 亿美元，而且还是从后“阿波罗”时代令人痛苦的预算中挤出来的。

皮克林很生气，但也知道没有讨价还价的可能。他只得把四颗“牙”咬成两颗，并把该计划命名为“旅行者”计划。而几乎同时，美国宇航局艾姆斯研究中心的“先驱者”计划团队也发现了星相中的吉兆，他们申请的“先驱者”计划也要飞向木星和其他更远的宇宙，寻找外星人。结果，美国宇航局总部也同意了。

这样算起来的话，太阳系外行星探索计划还是4颗探测器，只不过另外2颗不听皮克林指挥罢了。

“先驱者”计划先行一步。艾姆斯研究中心联合格伦研究中心于1972年3月发射了“先驱者”10号，于1973年4月发射了“先驱者”11号。

为了穿越太阳系，摆脱太阳的引力，“先驱者”10号一开始就达到了令人吃惊的高速度。11个小时它便飞过了月球，3个月后飞过了火星。它是第一个成功穿越火星和木星之间小行星带的探测器，并于1973年底首次飞临木星，发回了第一批木星及木星大红斑的照片，不过，木星强大的电磁辐射弄坏了它的一部分设备。

1979年，它第一个飞临土星。之后它继续朝深邃的宇宙飞去，并于1983年飞越冥王星轨道，按惯性驶向另一个“太阳”——金牛座的恒星毕宿五。毕宿五距离地球68光年，要到达那里，“先驱者”10号大约还需要200万年时间。也许200万年后，毕宿五星系的智慧生命能发现这个伤痕累累的家伙。

“先驱者”10号曾是美国宇航局也是人类飞得最远的飞行器，这一纪录一直保持到1998年2月17日，那一天以更快速度前进的“旅行者”1号超越了“先驱者”10号。目前为止，“先驱者”10号的功能不断恶化，但运转还算正常，核动力继续为它的电池充电（那里的太阳光早变成了星光）。它仍不时向地球发送较弱的信号。

由于预算减少，美国宇航局现在已无法对它进行常规的跟踪，“先驱者”计划也于1997年3月31日终止。2004年2月7日，美国宇航局一部分科学家试图通过位于加利福尼亚州、澳大利亚和西班牙的巨型天线，与该探测器联络，但没有任何结果。美国宇航局科学家们认为，由于核动力能源耗尽，“先驱者”10号探测器估计已无能力再向地球发送信号。美国宇航局决定放弃与探测器继续联系的努力。

“先驱者”11号是第二个飞向木星和外太阳系的探测器。与“先驱者”

10 号不同的是，“先驱者”11 号拜访完木星、土星后，就顺着它的逃离轨道，朝离开太阳系的方向前进。1995 年 9 月，该探测器的信号也消失了。

两个“先驱者”身上都携带着表明地球文明的金属板，金属板的作用是倘若探测器被外星人捕获，这块镀金铝板将会向他们解释这不是垃圾。金属板上绘有一男一女，赤裸着身子向外星人招手示意，有太阳系及地球在银河系的位置图，此外还有其他表示友好的图片、声音、音乐等。

喷气推进实验室的“旅行者”计划后发制人，设备更先进。1977 年 8 月 20 日，“旅行者”2 号率先起程。

“旅行者”2 号最初是“水手”计划中的“水手”12 号，它以一个有些不同的轨道接近土星，借助土卫六的引力产生的“引力弹弓”，继续飞向天王星和海王星。“旅行者”2 号是第一个访问这两颗行星的探测器。它能做到这一点，是因为木星、土星、天王星和海王星处于每 176 年才出现一次的稀有几何排列。遗憾的是，同海王星相会后，“旅行者”2 号在地球的支持资金就开始收缩。

该计划在开始时有 300 名工程师，而现在仅有 12 名兼职人员负责跟踪它。现在，这艘孤独的飞船距离地球太远了，向地球发射的无线电信号，要用九个多小时才能抵达地球。不过，它和“旅行者”1 号一样，都能正常工作到 2020 年。

“旅行者”1 号探测器是“水手”计划中的“水手”11 号，它于 1977 年 9 月 5 日发射。其上携带了一个类似唱片的铜质磁碟，里面有用 55 种人类语言录制的问候语和各类音乐，旨在向外星人表达人类的问候。磁盘上还有美国总统卡特的一份书面问候，内容唯唯诺诺：

> 这是一份来自一个遥远的小小世界的礼物。上面记载着我们的声音、我们的科学、我们的影像、我们的音乐、我们的思想和感情。我们正努力生活过我们的时代，进入你们的时代。

磁盘上还有一个90分钟的声乐集锦，包括雷声、海浪撞击声、鸟鸣等自然界的各种声音以及27首世界名曲，包括中国的京剧和古曲《高山流水》等。另外，磁盘上还有115幅影像，包括太阳系各行星的图片、人类的性器官图像及说明等。

目前的信息表明，它还没有找到外星人，也没有被外星人找到。也许有一天，外星人会拎着它站在未来美国总统办公室门口，质问："卡特，是不是你扔的?"届时，地球人可能会再见到"旅行者"。不过，我若是外星人，懒得答理。据估计，一切正常的话，"旅行者"1号需要4万年的时间才能抵达下一个星系。

目前，"旅行者"1号传回的数据已相当于3 000套大不列颠百科全书，而它携带的电脑芯片甚至不如现在家用微波炉的芯片功能强大。它现在发回的无线电信号，要传输大约17个小时才能抵达地球，已经相当微弱。

目前，"旅行者"1号已经距离太阳120个天文单位（1天文单位=1个日地距离），超过了"旅行者"2号，"先驱者"10号、11号，抵达太阳系边缘。它将和它的亲兄弟"旅行者"2号，堂兄弟"先驱者"10号、11号，侄子"新视野"号探测器（New Horizons，2006年发射）逐次飞越太阳系，奔往另外的星系，前提是它们不出大毛病。

不过，也有不好的消息等着它们。最近有研究发现，"先驱者"兄弟停止联系前似乎正在遭遇某种神秘力量，导致它们的速度不断下降，并且偏离轨道。它们有可能逃离不了太阳系的魔掌。这种神秘现象被称为"先驱者异常"（Pioneer Anomaly）。

而太阳系的疆域究竟有多大，科学家们也需要重新定义。太阳系的范围可能不是一般的大。

我们常把地球到太阳的距离称为1个天文单位，这样算的话，冥王星距离太阳约是40个天文单位，而被现在公认的太阳系边缘——"奥尔特云"（Oort Cloud），是一个假设包围着太阳系的球体云团，布满着不少不活跃的彗星，距离太阳约5万至10万个天文单位，差不多等于一光年，即太阳与最近恒星比邻星距离的四分之一。

伟大耀眼的太阳在奥尔特云那旮旯看来，已经是要用天文望远镜才能看到的小星星，神秘的是这颗小星星竟然还能掌管奥尔特云，令那一堆彗星老老实实地围着太阳转。所以，很明显，目前美国的这四颗小探测器飞过冥王星，可能根本不算什么。它们可能都还在太阳的手掌心里，走了不到千分之一的路……

让我们祈祷这些准备离开太阳系的勇士们不要像彗星那样，跑到距离太阳很远的地方，又折返回来。可如果它们逃脱不了，它们势必返回，就像拉出去的弓弦，要恢复原来的位置一样。

“先驱者”和“旅行者”并不是美国宇航局探索遥远宇宙空间的终点。相反，它仅仅是一个开始。大受鼓舞、扬名太阳系的美国宇航局，利用“旅行者”“先驱者”的建造和管理经验，陆续实施了更多的太阳系探索计划。整个太阳系仿佛都成了美国宇航局的。

“伽利略”计划是其中之一。该计划是美国宇航局和欧洲航天局的合作项目，它制订得很早，准备也很足，但由于 1986 年“挑战者”号航天飞机爆炸，“伽利略”发射被无限期推迟。1989 年 10 月，美国宇航局终于用“亚特兰蒂斯”号航天飞机把“伽利略”号探测器带上了太空。

6 年后，“伽利略”号飞临木星，开始对木星和木星卫星进行研究。但由于它出发前没怎么消毒，探测器上可能沾有地球细菌，为了避免它与可能存在生命的木卫二碰撞，把地球细菌带给该星球，地面控制人员最后让它坠入了土星大气。

受到“伽利略”计划成功的鼓舞，美国宇航局和欧洲进一步合作，又研制了一个飞向土星的探测器——“卡西尼—惠更斯”。参加“卡西尼”计划的国家一共有 17 个，它是人类进入太空时代以来最激动人心的大型国际合作项目之一。

1997 年 10 月，耗资 33 亿美元的“卡西尼—惠更斯”号发射。其中“卡西尼”母船由美国宇航局建造，名字是为了纪念意大利天文学家乔凡尼·多美尼科·卡西尼，他发现了木星大红斑。“惠更斯”着陆器是欧洲航天局建造的，名字是为了纪念荷兰天文学家克里斯蒂安·惠更斯，他发现了土卫六。

2004年12月，“卡西尼”飞抵土星，将所携带的“惠更斯”探测器弹出。“惠更斯”独自飞向土卫六，而“卡西尼”无人飞船则继续围绕土星运行。2005年1月14日，“惠更斯”穿越土卫六的大气层，降落到土卫六表面。“惠更斯”在着陆后继续向母船“卡西尼”传送数据，直到半小时后电池耗尽。

土卫六，又名泰坦，是太阳系中唯一有浓厚大气层的卫星，与地球非常相似。它的体积比九大行星中的水星和冥王星还大，其大气层的主要组成元素是氮，与地球大气层类似。它以其神秘性，在科幻小说与电影中屡屡出现，不过，科学家认为它的情况也许比科幻小说更怪异。“惠更斯”的任务，就是要穿入其大气层，在近3小时的减速下降过程中得到图像，用无线电信号传送给“卡西尼”，然后再传回地球。人们希望知道土卫六的表面，到底是一片汪洋，还是坚实的陆地。通过对“惠更斯”拍摄的土卫六照片分析后发现，这颗卫星的地貌果然与地球惊人的相似。

从“卡西尼”计划开始，环保人士就抗议美国宇航局在探测器上使用核动力。环保人士认为发射一旦失败，发生爆炸，这些核物质将严重污染发射场及周围环境。他们认为美国宇航局太草率和不负责任了。而美国宇航局则宣称，他们和能源部已做好应急准备，不用担心。

进入20世纪90年代，美国宇航局的无人探测密集得让人羡慕，读起来也多得令人窒息。

1990年，发射“尤利西斯”号太阳探测器，着重对太阳两极进行近距离观测。

1995年，发射与欧洲合作的“SOHO”太阳探测器，着重对太阳活动和日地空间的研究，天文爱好者常用“SOHO”的图片搜寻小行星或彗星。

1998年，发射“深空”1号彗星探测器，该探测器第一次使用离子发动力，既轻便又持久，它先后探测了小行星1992KD、威尔逊—哈林顿彗星、博雷利彗星。

1999 年，发射“星云”号彗星采样返回探测器，该探测器耗时五年，终于在距离地球 3.8 亿千米的太空中与“怀尔德–2”彗星尾部“相撞”，获取了彗星尘土样品，并于 2006 年 1 月返回美国，它将帮助研究太阳系起源问题。

2001 年，发射“起源”号太阳风探测器，该探测器用高纯度蓝宝石、硅、金和金刚石等制成的收集装置，于发射三个月后采集太阳风粒子样本，2004 年 9 月返回美国。

2002 年，发射“等高线”彗星探测器。

2003 年，发射“星系演化”探测器，对银河系以外的天空进行第一次紫外线测量，对宇宙中的若干星系的演化进行研究。

2004 年，发射“信使”号水星探测器，将对距离太阳最近的行星进行细致的探索，搜集水星地质和大气组成方面的数据。

2005 年，发射“深度撞击”号彗星探测器，该探测器释放的撞击器，成功地与“坦普尔–1”彗星相撞，利用撞击掀起的彗星物质进行研究，之后母船继续飞往另一颗名叫“坡辛”的彗星。不过，此次撞击也招来了一场跨国官司。一名俄罗斯女占星家以撞击彗星“破坏宇宙平衡”为由，将美国宇航局告上了俄罗斯法庭，索赔 3 亿美元精神赔偿。

2006 年，发射“新视野”号探测器，目标是行星冥王星及更远的太阳系边缘，但该探测器还在赶路时，国际天文学联合会就开除了冥王星的“行星”资格。“新视野”号速度飞快，现已经飞越木星。

2007 年，发射“黎明”号小行星探测器，将对盘踞于火星和木星之间的小行星带，尤其是谷神星和灶神星这两颗最大的小行星进行探测，以研究 45 亿年前太阳系早期的情形和演化过程。

2009 年，发射“开普勒”太空望远镜，观察寻找地外行星。

2009 年，发射“月球勘测轨道飞行器”和“LCROSS”探测器，再次精密探测月球。

2011 年，发射“朱诺”号木星探测器，寻找木星起源的线索，包括木星是否有石质核心，其大气层中水的含量，及其质量分布、磁场、引力场等情况。

2011 年，发射“重力回溯及内部结构实验室”探测器，精确探测并绘制月球的重力场图以判断月球的内部构造。

2011 年，发射“火星科学实验室/好奇号”，计划着陆火星，检测火星上是否有微生物存在。

……

美国宇航局的太阳系探索计划，对它名誉的促进，丝毫不比登陆月球来得少。现在看来，对太阳系、对宇宙深处的无人探索是那么必要，那么恰如其分，甚至连载人宇宙飞行都不及。试想派一个机器人到火星上抓一把土拿回地球做研究，与耗巨资、冒大险、派浑身净事儿的地球人登陆火星拿回的火星土壤有何不同？出发点为冷战竞赛的美国航天局，经过这么一折腾，不自觉地拓宽了人类的见识，日后它将秉承此理念，继续走在探索宇宙的前列。

太空望远镜：偷窥宇宙

这是近视镜的时代，也是望远镜的时代。天文史学家们认为从某种意义上说，现代天文学史其实是望远镜的历史。

1609 年，当伽利略将世界上第一架天文望远镜伸向星空的时候，人们通常将这个举动视作现代天文学诞生的标志。伽利略那架口径 4.2 厘米的小望远镜向人们展现了月球、行星和太阳的新面貌，宣告了哥白尼日心说的胜利。

1924 年，当埃德温·哈勃在美国加利福尼亚州威尔逊山天文台，将一架口径 254 厘米的望远镜指向仙女座星云时，那片云状星系立即在望远镜里被分解成许许多多的恒星。人类随后认识到，不仅地球不是太阳系的中心，太阳不在银河系中心，银河系也只是宇宙中的沧海一粟。

然而，地面上的望远镜不可避免要遭受大气层的影响，于是天文学家便设想若能将望远镜移到太空，这样便可以不受大气层的干扰，得到更精确的天文资料。为此目的，美国宇航局构思了“大型轨道天文台”（Great

Observatories）太空望远镜计划。目前，该计划已经实施，共有四架太空望远镜先后在太空运行。包括：观测可见光波段的“哈勃”太空望远镜，观测红外波段的“斯皮策”太空望远镜，观测X光波段的“钱德拉”太空望远镜，观察伽马射线波段的“康普顿”太空望远镜。

鹰状星云——恒星的孵化场

1990年4月24日，美国宇航局一架装备有多种观测设备的“哈勃”望远镜被送到太空，太空望远镜的年代开始了。

“哈勃”太空望远镜

早在1946年，美国天文学家莱曼·斯皮策痛苦于地面天文望远镜太糟糕，因为它很容易被一两片讨厌的云挡住，或被一阵热风把图像刮歪。

他想在干净的太空中要是有一架望远镜该多好啊，肯定没有上述烦人的问题。此后，斯皮策开始为太空望远镜积极奔走。1965年，斯皮策被任命为“研究太空望远镜”项目科学目标的团长。当时，他已经对太空望远镜极度着迷了。在斯皮策看来，太空望远镜其实很简单，甚至只要让军方的高精度侦察卫星转转身子，对准不是地球的方向，那就是太空望远镜啦。

但事情远没有这么简单。

斯皮策找到美国宇航局，但美国宇航局里的人先是忙于“阿波罗”登月计划，无人理睬什么太空望远镜计划，后来美国宇航局预算开始遭遇大规模削减，除了航天飞机，没几个人有心情建造什么太空望远镜。不过，美国宇航局又不想让自己的员工失业，它也需要有激情、有前途的项目。结果，作为折中方案，美国宇航局成立了一个与太空望远镜有关的委员会，支持斯皮策，愿意和斯皮策一起去游说总统和国会。

斯皮策坚持不懈，他发动他认识的所有天文学家，发起写信运动，说服国会议员，到处推销大有前途的太空望远镜。后来，美国国家科学院终于发表报告，说美国确实需要一架太空望远镜。最后，国会也同意了。莱曼·斯皮策因此被誉为“太空望远镜之父”，而日后也将有一架太空望远镜以他的名字命名。

众所周知，在20世纪七八十年代，美国宇航局默认了一个流程，那就是以成功为目标，不管花多少钱。他们先是申报小预算，等获得总统和国会批准了，突然“意外”发现计划需要追加资金……但就制造太空望远镜，国会没松口。就那么多钱，爱干不干。美国宇航局只得将太空望远镜的镜片设计得小了一点，并且邀请了一个共同买单者——欧洲航天局(瞧，可怜的欧洲航天局一直跟着美国宇航局买单)。欧洲航天局将为太空望远镜提供太阳能电池板等设备，并让美国宇航局承诺他们能获得15%的观测时间。美国宇航局只得说OK。

新的太空望远镜被命名为“哈勃”，为了纪念20世纪具有传奇色彩的美国天文学家埃德温·哈勃。哈勃1889年生于美国中部，天生有个好身体，是个运动健将。在1906年的一次中学田径运动会上，他包揽了撑杆跳高、铅球、铁饼、链球、立定跳高、助跑跳高的全部冠军，同时还是接力赛跑获胜队的成员之一——也就是说他在一次运动会上获得了七个第一名。此外，哈勃还是一个时髦潇洒、相貌堂堂的帅哥。用一位崇拜者的话说，哈勃美得像“阿多尼斯”（古希腊神话中的一个美少年，被女神维纳斯包养）。而用哈勃自己的话来说，他还经常干一些见义勇为的事：抢救

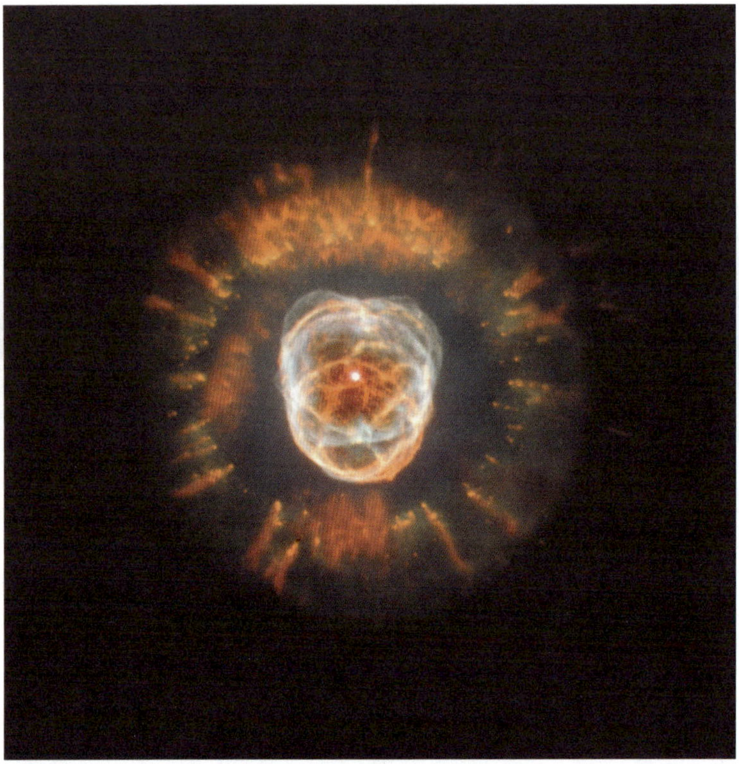

“哈勃”太空望远镜拍摄的星云

落水的人；领着吓坏了的人穿越枪林弹雨的法国战场；三下五除二把世界冠军级的拳击手打倒……总之，他酷得让人难以置信。

作为一名学者，他也出色得要命，他不费吹灰之力就考上了芝加哥大学，攻读物理学和天文学，随后他又被选赴英国牛津大学留学，攻读与本科专业毫不相关的法律硕士。毕业后，他回国到印第安纳州当中学教师和篮球教练。1919 年，他又在洛杉矶东北郊区帕萨迪纳市威尔逊山天文台找了个职位，并很快成为 20 世纪最杰出的天文学家。

在威尔逊的十年里，哈勃着手研究两个基本问题：宇宙存在了多久？宇宙有多大？1923 年，哈勃发现仙女座里一团代号为 M31 的棉花糖状的东西根本不是气体云，而是一个光华夺目的星系，直径足有 1 万光年……

蝴蝶星云有一对像翅膀的结构并且惊人地对称。在它的中心有两颗互绕运行的恒星

宇宙比任何人想象得都要大。

哈勃很快又发现了一个令他吃惊的现象：宇宙似乎在扩大，速度很快，而且朝着各个方向，而且似乎是从某中心点出发的。哈勃擅长体育，擅长观察，但不太擅长动脑子，因此没有充分认识到这次的新发现的重大意义，而是把机会留给了一位名叫乔治·勒梅特的比利时教士学者。勒梅特后来创造了“烟火理论”。该理论认为，宇宙一开始是个几何点，一个“原始的原子”，突然它就五彩缤纷地爆发了……这种看法预示着宇宙大爆炸理论快要诞生了。

1953 年，哈勃因中风去世。他的妻子拒绝为他举行葬礼，并拒绝说明如何处理了哈勃。直到今天，20 世纪最伟大的天文学家的尸体去向都无人知晓。

为纪念哈勃对天文学的贡献，美国宇航局把人类第一架太空望远镜命名为“哈勃”太空望远镜。“哈勃”太空望远镜于 1978 年开始大手笔设计建造，并计划在 1983 年发射到太空。其中，美国宇航局马歇尔太空飞行中心负责设计；戈达德太空飞行中心负责运转及地面控制；白金·埃尔默光学公司负责制造镜片；洛克希德公司负责建造望远镜镜体；观测数据则由太空望远镜科学研究所分析处理，该研究所属于美国马里兰州约翰霍普金斯大学。

“哈勃”太空望远镜是人类第一架太空望远镜，运行在地球大气层外离地面约 600 千米的轨道上。它采用了美国最先进的侦察卫星技术，包括细致精确的镜面和 CCD 成像系统（现在 CCD 技术已经普及到了普通数码相机或拍照手机里)。其观测能力能从北京看到1.4万千米外华盛顿谁在一闪一闪地抽烟。

“哈勃”也是目前被送入太空的口径最大的望远镜。它全长12.8米，镜筒直径4.27米，重11吨，像是一辆长了翅膀飞上太空的巴士。按计划，它将在2009年被詹姆斯·韦伯太空望远镜所取代。不过，现在成就非凡的“哈勃”太空望远镜曾经却是命运多舛。

由于白金·埃尔默光学公司缺乏制造太空望远镜的经验，进度一度出现了严重的迟滞，用航天飞机发射“哈勃”的计划也只能一再推拖，而拖到1986年，“挑战者”号航天飞机爆炸，所有航天飞机都被迫停飞。发射计划只能被推迟到1990年了。

“哈勃”太空望远镜的建造难度确实是前所未有的，因为此前美国宇航局没有建造过像“哈勃”这样的太空望远镜工程。经验的缺乏引起建造进度的延迟和成本失控。当时，“哈勃”太空望远镜的项目经理们面临十分巨大的压力，而他们采取了一种非常有效的缓释办法——顺其自然。这导致了后来望远镜主镜成像出现严重错误。

“哈勃”太空望远镜主镜的承包商白金·埃尔默公司，曾为中央情报局的侦察卫星磨过很多镜子，都没出什么问题，但在为“哈勃”太空望远镜磨镜时，却出了问题。公司的专家利用一种称为“零反射仪”的高灵敏度光学仪，检测偏离正确曲率的细微偏差。遗憾的是，在测试“哈勃”太空望远镜主镜时，这台“高灵敏度”的“零反射仪”本身的精度偏差就达到致命的1.3毫米。可想而知，在这样的标准下磨出来的“哈勃”主镜会是什么模样。奇怪的是，美国宇航局后来也没有在自己的光学实验室好好检查。

当这个糟糕的主镜被慢悠悠装进整个望远镜时，美国宇航局依然没有发现这个问题。1990年4月24日，“发现”号航天飞机将“哈勃”太空望远镜送上太空，美国宇航局和欧洲航天局的科学家过早地为这台耗费了15亿美元的“太空铁桶”蹦跳欢呼。当“哈勃”在太空开始工作时，操作人员发现“哈勃”太空望远镜“天生近视”，首批传回地球的影像几乎令科学家们崩溃，竟是一片模糊。美国宇航局似乎又犯了一个损失数十亿美元的大错。

当然，“哈勃”太空望远镜也不是绝对不可使用，在计算机的帮助下，通过修正，还能凑合着用。但美国宇航局实在名声太大了，纸里包不住火，这事很快被美国民众知道，并且让他们很恼火。近视的“哈勃”太空望远镜很快上了喜剧电影《上了膛的2.5英寸火枪》的画面，遭遇讽刺。该片片头描绘了一幅幅灾难与不幸的画面，其中包括“兴登堡”号飞艇爆炸事故、“泰坦尼克”号沉船事故，也包括伟大的“哈勃”太空望远镜近视事故。

作为补救，1993年12月，七名宇航员搭乘“奋进”号航天飞机升空，为“哈勃”太空望远镜进行了第一次大修，主要解决“哈勃”太空望远镜的“近视”问题。解决办法是为它戴上纠正近视的“眼镜”——一组十面透镜组成的镜片组。

这是所有维修任务中最复杂的一次，也是最关键、意义最大的一次。因为20世纪80年代至90年代初，美国宇航局的日子不是很好过，它还面临多方面窘境：“挑战者”号航天飞机失事、“伽利略”号探测器故障频频、“火星观察者”失踪等。这一切对重视公众形象的美国宇航局来说简直糟糕极了。所以，当年有评论认为第一次维修“哈勃”更主要的目的是挽回美国宇航局在公众心中的地位，这更重要。

非常幸运，第一次维修十分成功，“哈勃”太空望远镜不再“近视”了，其观测能力恢复。“哈勃”开始老实工作。

自美国“哈勃”太空望远镜1990年发射升空以来，17年它拍摄了近80万张照片，共有20多个国家的2000多名科学家利用这只“太空眼”进行了11万次天文观测。现在我们在互联网上看到的绝大部分精美绝伦的宇宙图景，都是它拍的，它让我们大开眼界。

由于“哈勃”超强的观测能力，它向我们展示了宇宙中许多此前观察不到的壮丽的物体与事件，使天文学取得了重要进展。它证实了一些理论，推翻了另一些理论，发现了一些人们此前根本没有思想准备的新事物。可以说，没有“哈勃”太空望远镜，世界人民还要在宇宙的黑暗中摸索更长时间。当然，也可以说正是因为罪孽深重的“哈勃”，世界人民还要在更深层次的黑暗里去摸索，因为加州理工学院天文学家温迪·弗里德曼通过“哈勃”太空望远镜，竟然发现了一个足以令地球人大脑短路的悖论：宇宙的年龄似乎比它所囊括的恒星要年轻……

“哈勃”太空望远镜设计寿命15年，如今它已超期服役，这十几年它作出重大贡献的同时，也被反复修理。2002年3月，“哥伦比亚”号航天飞机曾带着一位兽医利纳汉升空，又对“哈勃”进行了第四次大的维修。这次维修主要是为“哈勃”换“心”换“眼”，技术复杂，风险极大，因为“手术”必须在十小时内完成，否则太空中的低温会使“哈勃”太空望远镜彻底报废。此次维修要求宇航员必须手脚麻利，要在极短的时间内更换太阳能电池板、电源控制装置、安装新相机等玩意儿。什么样的人能胜任这样的工作呢？美国宇航局找了很久才找到了利纳汉，他是一位兽医，曾给鲸鱼、大象、犀牛等大型动物做过手术，动作娴熟麻利，选他为“哈勃”做手术显然是最合适的，事实也证明了这一点。此次“手术”也非常成功，“哈勃”的观测能力又有提高，可以分辨地球上相聚两米的两只萤火虫。

现在有人主张尽早放弃这架太空望远镜，因为它的维修成本太高了，特别是“哥伦比亚”号航天飞机失事后，给面临退役的航天飞机频添风险。然而，更多的人对“哈勃”含有深情，不愿放弃它，就像当年俄罗斯人对“和平”号太空站留恋不舍一样。如果“哈勃”太空望远镜得不到必需的维护，太阳能电池和陀螺仪的老化将使它可能坠毁在太平洋。

虽然新一代太空望远镜——“韦伯”太空望远镜的发射计划已经在准备中，但许多科学家仍希望“哈勃”多服役几年。因为太空望远镜的观测时间极其珍贵，天文学家都想让“哈勃”指向自己青睐的目标，每年“哈勃”收到的观测申请都超过一千个。“哈勃”是人类最优秀、最先进的望远镜之一。曾在1997年执行过“哈勃”维护任务的宇航员格雷格·哈保说：“它可能是伽利略发明天文望远镜以来，天文学和天体物理学研究所拥有的最伟大仪器。”

“康普顿”伽马射线观测台

“哈勃”太空望远镜升空后一年，美国宇航局“伟大天文台”计划第二架太空望远镜——“康普顿”太空望远镜，搭乘“发现”号航天飞机发射升空。该望远镜重达17吨，是最重的太空望远镜，它运行在距离地球大约450千米高的地方。它的名字是为了纪念美国物理学家、1927年诺贝尔奖得主阿瑟·霍利·康普顿。

众所周知，宇宙欺骗了我们。在漫长的电磁波谱上，我们只能看到其中极窄的一小段，那一小段被我们命名为可见光。但宇宙表现自己的手段可不只是可见光，可见光只是万千幻象中的一小段。在可见光下，我们只能看到宇宙的皮毛，我们看不到它的肌肤。所以，美国宇航局的科学家建造了伽马射线、X射线望远镜，期许在这些电磁波里，能看出点所以然来。

“康普顿”伽马射线观测台主要观测了宇宙中最强的一段电磁波谱——伽马射线，特别是伽马射线暴。伽马射线暴是宇宙中最强烈的能量爆发现象。有研究表明，地球历史上的数次生命灭绝事件，有可能是伽马射线暴所为。甚至有观点认为，恐龙灭绝事件可能也是伽马射线暴所致。

2000年，“康普顿”伽马射线观测台保持姿态控制的设备失灵，美国宇航局被迫让其坠毁在太平洋。

“钱德拉”X射线观测台

1999年7月23日，“哥伦比亚”号航天飞机将“钱德拉”X射线观测台送到了太空。它将帮助天文学家搜寻宇宙中的黑洞和暗物质，从而更深入地了解宇宙的起源和演化过程。该望远镜以印裔美籍天体物理学家钱德拉塞卡的名字命名。钱德拉塞卡20世纪30年代移居美国，1983年获诺贝尔奖，1995年去世。“钱德拉”是朋友和同事对他的称呼，梵语有“月亮”和“照耀”的意思。

“钱德拉”望远镜的造价高达15.5亿美元，加上航天飞机发射和在轨运行费用，项目总成本高达28亿美元。它是迄今为止人类建造的最为先进、也最为复杂的太空望远镜，设计寿命在5年以上，甚至有望超过10年，被誉为“X射线领域内的哈勃”。

“斯皮策”太空望远镜

“斯皮策”太空望远镜耗资8亿美元，于2003年8月用德尔塔火箭，从美国空军的卡纳维拉尔角发射场发射升空，是唯一一架不经由航天飞机发射的太空望远镜，是人类历史上最大的红外线波段太空望远镜，也是美国宇航局“伟大天文台”计划中最后一架太空望远镜。它由美国宇航局喷气推进实验室管理。

由于红外线可以穿透密集的尘埃云气，所以“斯皮策”太空望远镜可以观测到很多可见光无法看到的天文现象。例如，透过它可以帮助天文学家更进一步搞清楚行星、恒星、星系是怎么形成的。

“斯皮策”太空望远镜

“斯皮策”太空望远镜拍摄的螺旋星云

“韦伯”太空望远镜

“韦伯”太空望远镜是“哈勃”太空望远镜的继任者，欧洲航天局是合作者。原计划，它将在 2011 年 8 月发射升天，并定轨在距离地球 125 万千米的轨道上，接替届时退职的“哈勃”太空望远镜。但由于“哈勃”太空望远镜后续的维修很成功，寿命得以延长，“韦伯”太空望远镜将于 2013 年在法属圭亚那航天中心发射。

该望远镜的名字是为了纪念美国宇航局第二任局长詹姆斯·韦伯而取的。“韦伯”太空望远镜将使用红外线和可见光来观察。它将研究宇宙深处的“婴儿星系”、黑洞等。

“詹姆斯·韦伯”太空望远镜及其研制团队

其他太空望远镜

除了这四大太空望远镜，美国和欧洲航天局等其他国家航天组织合作研制了一些其他的太空望远镜或曰太空天文台。比如，轨道天文台（Orbiting Astronomical Observatory）、太阳极大期任务卫星（Solar Maximum Mission）、红外线天文卫星（Infrared Astronomical Satellite）、红外线太空天文台（Infrared Space Observatory）、宇宙背景探测者（Cosmic Background Explorer）、XMM-牛顿卫星（X-ray Multi-Mirror Newton）、普朗克巡天者（Planck）、费米伽玛射线空间望远镜（Fermi Gamma-ray Space Telescope）……它们拓宽了人类认识宇宙的视野。

总之，虽然美国在之前一度输给苏联，但是它最终还是凭借其强大的制度、科技优势，全面战胜了苏联，成为目前世界第一航天强国，创造了诸多奇迹。

第七章 冯·布劳恩列传

前面已经多次提到冯·布劳恩这个人，在此集中叙述一下。

冯·布劳恩是美国从德国俘获而来的纳粹火箭专家，是大半个德国航天、美国航天历史的主角，同时也是一个明星人物。

他和科罗廖夫一样，短暂的人生在剑拔弩张的战争与和平年代频频闪耀，虽然各为其主，却没有影响他们对太空的同一信仰，他们推动了一个又一个太空探索奇迹的诞生。他们是一对太空领域天生的冤家。

冯·布劳恩总是明星一般

冯·布劳恩和他研制的“土星”火箭

沃纳·冯·布劳恩（Wernher von Braun）1912 年 3 月 23 日，生于德国，德裔火箭专家，20 世纪航天事业的先驱之一。曾是德国著名的 V–1 和 V–2 火箭的总设计师，也是美国第一颗人造地球卫星使用火箭和登月火箭的设计师。

若追溯血缘，冯·布劳恩的父亲曾是德国的农业部长，祖上则是古老的普鲁士土豪，他的家族曾与蒙古人打过仗。冯·布劳恩很早就蜚声柏林，他在 13 岁时就曾发明过“遥控爆炸装置”，使柏林使馆区发生爆炸，用现在流行的词语来形容，他是个“恐怖分子”。据悉，冯·布劳恩的父亲极其反动，但他的反动与纳粹并不是一个方向。老爸的这种态度传给了冯·布劳恩，所以冯·布劳恩虽然和纳粹一起工作，但他一直避免成为纳粹。可惜他没坚持多久，没经得住纳粹的威逼利诱，最终还是成了纳粹党卫军的一员。冯·布劳恩如此优秀，以至于他被纳粹保送读本科，并在 18 个月里拿到了博士学位。

之后，冯·布劳恩开始聚精会神搞火箭。在德国军队的帮助下，在他“父亲打野鸭子”的“荒凉”之地佩内明德，物色了一片开阔的场地，作为德国火箭的研发中心。

1944 年，冯·布劳恩设计制造的 V–2 火箭（装上炸药后它就俨然成了 V–2 导弹）正式服役，它的飞行速度非常快，6 分钟便能从德国飞到英国，轰炸伦敦。

据悉，冯·布劳恩一边制造火箭，一边也很反感它们被用做战争武器。1944 年 6 月 13 日，纳粹向英国发射了 V–1 火箭……冯·布劳恩说这是“一生中最黑暗的日子”，并声称“我们的火箭表现出色，只是它在一个错误的星球上着陆”。

冯·布劳恩及其德国火箭团队的厉害，早就在美苏情报界中不胫而走。“二战”后期，美苏情报界，都制定了计划，要活捉冯·布劳恩。纳粹高层也磨刀霍霍，准备一旦失败，玉石俱焚，枪毙冯·布劳恩……总之，“二战”后期，冯·布劳恩面临着来自各方的危险。

他该怎么办呢？

到苏联去？他反感共产主义；到英国去？他可是间接杀了很多英国

人，英国人不会饶了他；他开始盘算着，也许投降美国是最佳选择。

他后来说，“把我们的‘婴儿’交给妥当的人，这是我们对人类应尽的责任！”

“婴儿”就是指火箭，“妥当的人”就是指美国人。

与此同时，美国在1个伞降师、2个装甲师，另加第6集团军的重兵掩护下，派出了执行“回形针”计划的“阿尔索斯”突击队，开始秘密搜捕纳粹火箭专家。

1945年4月，美国不顾约定，抢先进入本属于苏占领区的诺德豪森市，俘获了492名德国导弹专家和644名家属，还在那里的地下工厂里，运走了大量图纸、资料以及已经造好的100枚V–2火箭，足足装了300个车皮……带不走的设施，则被美国炸毁。

美国成功实施了“回形针”计划，裹走了几乎所有的德国火箭资源。就在美军撤走后6小时，苏联军队便赶到了，可惜已经人去楼空……

5月2日，美军终于在慕尼黑城郊截击到了冯·布劳恩，或者说是冯·布劳恩主动出来投降美国的。

当冯·布劳恩出现在美军军营时，美国人几乎惊呆了，美国人几乎不敢相信，眼前这位33岁的年轻人就是帮助纳粹德国制造出骇人武器的专家。一位美国步兵说：“如果我们抓到的这家伙不是世界上最大的科学家，那一定就是世界上最大的骗子！”

与此同时，美国国防部派出了国防部科学咨询团。团长是美国的冯·卡门，冯·卡门的主要助手就是日后在中国大名鼎鼎的钱学森。

钱学森和美国科学咨询团提审了包括冯·布劳恩在内的纳粹火箭专家，考察了德国火箭设备和技术成果。这些成果，对后来美国空军、美国宇航局的喷气推进试验室作用巨大。

在提审过程中，钱学森和美国咨询团很惊讶地获知，冯·布劳恩竟然已经开始着手研究射程近5 000千米的远程火箭（导弹），美国纽约正是德国的目标。

之后，应钱学森的要求，冯·布劳恩写出了《德国液态火箭研究与展望》。1945 年 9 月，冯·布劳恩被运至美国……《纽约先驱论坛报》报道说：“一群德国人被带到美国，他们将为美军运输部队开车……”

冯·布劳恩作为“头脑财富”来到美国，一段时间内是受到监视的，只能和他的德国同事们天天打橄榄球，因为美国人对他始终心存芥蒂，更有无数的美国人要求把纳粹遣返德国，不可能有什么太空计划供布劳恩施展。后来，他更多的时间是和米老鼠、唐老鸭一同出场，为迪斯尼片场拍摄太空短片，为小孩讲解火箭知识。

当然，他也没有完全闲着。冯·布劳恩在美国研制的“木星-C”火箭也具备了将人造卫星送上太空的推力，但这个推力无法冲破美国官僚的阻挠。最开始，发射第一颗人造地球卫星被认为是美国海军的事，冯·布劳恩所在的美国陆军不得干涉。

沃尔特·迪斯尼和冯·布劳恩在一起

有一次，冯·布劳恩要试飞一枚火箭，国防部甚至派人来检查，确保冯·布劳恩的火箭里没有人造卫星。于是，上帝只能偏袒苏联的科罗廖夫了。

苏联率先发射了世界上第一颗人造卫星，举世震惊，尤其是美国。当时，冯·布劳恩正在亨茨维尔出席一个庆祝新任国防部长尼尔·迈克尔罗伊的鸡尾酒会。当他得知消息后，冯·布劳恩压抑的情绪爆发了：“我就知道苏联会做到，而我们的设备却被束之高阁……”

直到 1957 年 12 月 6 日，美国海军把第一颗卫星搞砸后，美国陆军的冯·布劳恩才有机会。1958 年 2 月 1 日，冯·布劳恩的团队不负众望，他用“木星-C”火箭帮助美国成功发射了第一颗人造卫星——“探险者”1 号。

《时代》杂志把冯·布劳恩当做封面人物，美国总统艾森豪威尔还为他颁发了“美国公民服务奖”。从此以后，冯·布劳恩在美国才算抬起头来。

肯尼迪总统和冯·布劳恩

1960年7月，冯·布劳恩获得更进一步的解放。艾森豪威尔把美国陆军弹道导弹局划归美国宇航局。新成立的美国宇航局要风得风、要雨得雨，同时冯·布劳恩担任了新成立的美国宇航局马歇尔太空飞行中心的中心主任，一直做了10年。冯·布劳恩如鱼得水。

当然，因为各种原因，刚开始整个美国的航天计划均落后于苏联。

一直到苏联的火箭牛人科罗廖夫死后，苏联的太空计划陷入迷茫，美国宇航局的优势才开始绽放，冯·布劳恩才开始有机会迎头赶上。

1967年，美国宇航局“水星”计划、“双子星”计划圆满完成，“阿波罗”登月计划开始实施，冯·布劳恩的“土星”系列大推力火箭也研制成功。

“阿波罗”7号宇航员斯奇拉问候冯·布劳恩

1969年7月21日，“阿波罗”11号宇航员成功登月，实现了冯·布劳恩和平开发太空的梦想。之后，冯·布劳恩为美国研制航天飞机付出了最后的心力。

1972 年，功成名就的冯·布劳恩认为自己已没有新世界可以征服，离开了美国宇航局。

1977 年 6 月，冯·布劳恩因为患肠癌在弗吉尼亚州逝世，终年 65 岁。他竟然比“德国航天之父”奥伯特早逝世 12 年。

美国官方用以下的话来形容冯·布劳恩：

> “毋庸置疑，他是史上最伟大的火箭科学家。他最大的成就是在担任 NASA 马歇尔太空飞行中心总指挥时，主持“土星”5 号的研发，成功地在 1969 年 7 月首次完成人类登陆月球的壮举。”

冯·布劳恩的传奇人生也印证了美国里根总统的话：“我们美国是一个由外来移民组成的国家。我们的国力源于自己的移民传统和我们欢迎的异乡侨客。这一点为其他任何国家所不及。”

冯·布劳恩生前有一本自传，书名叫《目标是星星》，一位诙谐的人则为他加了一个贴切的副标题“——以及伦敦”。

> 龚钴尔曰：人生如冯·布劳恩一般，有大开大合的远大理想，并全部成功地被实现，夫复何求啊?!

中国航天

第八章 中国航天本纪

中国是完整延续下来的四大文明古国。如前所述，古代中国有丰富绚烂的原始朴素的太空飞行梦想，嫦娥奔月、大羿射日、敦煌飞天、万户飞天等等传说都是古代中国人向往太空翱翔的心理情愫。

进入唐宋之后，中国人发明了火药，制造出了火箭，用化学的力量深刻启发了世界航天思想。只是因为诸多原因，近现代中国才全面落后了，航天技术的发展才完全没有跟上苏联、美国、德国等的节奏。

1949 年之后，中国长久混乱的面貌得以改观。中国共产党这个奉持唯物主义的政党，在马克思主义等哲学意识形态的影响下，开始前所未有地重视科学技术的发展，和中国人民内心深处的实用主义巧妙结合，创造出了令世界震惊的经济发展成就和航天发展成就。

如今，中国的航天事业已经成为中国复兴崛起的最突出象征，几乎没有任何行业可以与中国航天取得的世界级成就相媲美。

第一节　成立国防部第五研究院

和德国、美国、苏联一样，现代航天发端于强烈的军事竞赛需求，也就是对“导弹”这种国防利器的需求。也正是由于对这种先进武器的追逐，才有了今天航天事业的巨大进步。中国也不例外。

最开始的时候，中国没有探索外太空的想法，有的只是保护新生政权的武器需求。从钱学森归国后很快被任命为国防部导弹研究院院长可见一斑，这是必然的。

中国航天的最早历史略可追溯到民国时期，但对当年一辆汽车都造不出来的中国而言，研制导弹的难度可想而知。另外，当时的中国国民党政权腐败、战乱频生、工业基础薄弱，不可能容下一张安安静静思考航天事业的书桌。航天是一个综合工程，体现的是一个国家的综合实力，各行各业都能跟得上，才能促进航天的发展。中国近现代的工业基础非常薄弱，有些工业门类甚至是空白，不像美国、苏联、德国等工业国家那样。所以，中共建政之初，虽然有冲天豪气，也有钱学森这样的世界一流火箭专家，但巧妇难为无米之炊，一切几乎是从空白处开始的，极不容易。

中国航天诞生的最正式标志是 1956 年 10 月 8 日（钱学森归国一周年）这一天，中华人民共和国国防部第五研究院（即导弹研究院）成立，属于中国人民解放军军队系统。

国防部第五研究院由钱学森先生担任第一任院长，专门负责导弹研制。该院早期不到 10 个人，后来队伍不断壮大。此后，国防部又成立了五局，负责五院的机关工作。

1957 年，国防部五院成立一分院、二分院。一分院负责地地导弹、总体、火箭发动机的研制；二分院负责测控、地面测试、地空导弹研制等工作。

这一时期的中国航天以钱学森等归国航天科学家为发展主力，以苏联的外部援助为辅。导弹也主要以仿制苏联导弹为主。此时的中国航天类似苏联航天体制，充分发挥了计划经济的高效调配能力，发展迅速。以专业研究院为主体组建航天部门，也奠定了今天中国航天的基础。

第二节 中国航天机构的变迁

在正式展开中国航天本纪之前，先介绍一下中国航天机构变迁，以使阅者不惑。

1965 年 11 月 23 日，三年困难时期之后，中央为了进一步发展工业经济，减少了军费开支，开始调整航天部门。国防部第五研究院大部分被改组成“第七机械工业部”，弱化了军方背景，仍旧专事航天。

此次调整钱学森同志提出保留国防部五院 507 所的建议，他认为 507 所负责的航天生命保障、航天医学和食品等方面的研究，一定会在未来中国发展的载人航天中扮演重要角色。

1982 年 4 月 9 日，中国航天部门由“第七机械工业部”改组为“航天工业部”。“航天”这个词也正式载入中国的语言词典。此机构运作了 6 年时间。

1988 年 4 月 9 日，七届人大一次会议决定撤销“航天工业部”，与航空单位合并，成立“航空航天工业部”。从名字和工作内容上，“航空航天工业部”极类似美国国家航空航天局（即“美国宇航局”）。

航天部门与航空部门的结合，一定程度上，受到美国大规模研制发射新一代航天器——航天飞机的影响。中国航天在那时，也开始论证航天飞机。当时，还进行了一番深入的中国版本“航天飞机”论证。

1993 年，随着中国的市场经济不断深入，国防科研体系开始融入国民经济中。八届人大一次会议决定撤销“航空航天工业部”，分成两个航天单位，即作为大型央企存在的“航天工业总公司”和作为国家行政机构存在的“国家航天局”（今天还在）。

国家航天局
China National Space Administration

1998年3月18日，九届全国人大一次会议再次决定，为引入竞争，将“航天工业总公司”改组成“中国航天科技集团公司”和“中国航天科工集团公司”。1999年7月两大航天集团正式成立，形成了今天的航天格局。两大集团粗略概括而言，中国航天科技集团公司负责把人送上“蓝天”，是提供大型运载火箭、飞船等产品和服务的企业；中国航天科工集团公司负责把人送上“西天”，是武器装备的大户。它们之间的关系，很像《红楼梦》里的“荣国府”和“宁国府”。

中国航天科工集团公司

中国航天科技集团公司

中国航天几经变迁，现行体制与当年的国防部第五研究院相比变化很大。

目前，中国国内涉及航天事务却又彼此没有清晰隶属关系的单位有好多家，比如工信部国防科工局国家航天局（很多人误解它是全中国航天所有工程的领导机构）、工信部国防科工局月球探测工程中心（中国探月工程实际领导单位）、解放军总装备部（中国载人航天实际领导单位）、中国航天科技集团公司、中国航天科工集团公司、中科院部分研究所……

这就是目前中国航天相关单位的基本局面。

第三节　从导弹做起

1949年之后，在中共中央坚定不动摇的支持下，中国开始以“两弹一星”（指导弹、核弹、卫星，后被混淆成原子弹、氢弹、卫星）为核心的国防科技之路。

事实证明，这条路虽然艰辛，但在战略上极其重要，极大地促进了中国的航天事业，促进了中国在世界上的地位的提升。

当时，中国制定了比较实际的操作思路：先仿制，后改进，再自行设计。

1958 年 9 月，国防部第五研究院开始仿制苏联的 P-2 导弹。中国的仿制型号叫“1059”，意思是在 1959 年 10 月 1 日建国 10 周年之际完成仿制。

不过，当时的困难很大。苏联不放心中国，甚至希望中国“(火箭)发动机搞成了，到我们苏联去试车”。

苏联留了一手。

另外，对基础薄弱的中国来讲，仿制的技术难度很大，是一项庞大的工程。当时全国直接或间接参加仿制的单位就有 1 400 多家，涉及航空、电子、冶金、建材、轻工、纺织和商业等各个领域，主要承制厂就有 60 多家。各种“刁钻苛刻”的零件都是这些领域没见过的。

由于各种政治、经济等原因，包括苏联拒不提供特种钢材、拒不提供液态氧等因素，1960 年中苏合作条约彻底撕毁。“1059”导弹不得不延期。此时，1960 年国防部第五研究院，调入的大学生多达 4 000 名，中专生、高中生、初中生、党政干部、复员军人达 9 000 名，共计 13 000 多人。他们几乎全是为了“1059”而来的。

聂荣臻元帅曾无奈地说：“逼上梁山，自己干吧——靠别人是靠不住的！”

经历了这一次次的困境后，中国航天开始秉持独立自主的道路习惯，这也是为什么中国能形成独特的航天精神的原因。

1960 年 11 月 5 日，中国终于成功发射了中国第一枚国产导弹，飞行了 550 千米的“1059”导弹取得了完美的成功。“1059”号导弹随后更名为“东风-1”导弹，大量装备军队。此后，又自主设计研制了“东风-2”导弹，装备军队。

随后，中国又成功仿制了苏联“萨姆-2”导弹，命名为“红旗”1 号。

1967 年，中国自主设计研制的“红旗-2”导弹成功，装备军队，击落了美国的 U-2 侦察机。

1966 年 10 月 27 日，在中国原子弹爆炸成功后，中国又实现了导弹和核弹的“两弹”结合，震惊了世界。

第四节　中国第一颗人造卫星

1957 年 10 月 4 日，苏联率先发射世界上第一颗人造地球卫星，震惊世界。毛泽东表态，“我们也要搞人造地球卫星”。

钱学森等人开始领命筹备中国第一颗人造地球卫星的发射，因为是 1958 年 1 月作出的决策，所以中国的人造地球卫星计划代号为“581”工程。

1960 年前后，“三分天灾、七分人祸”的三年大困难到来，再加上数次政治运动的干扰，卫星计划速度放慢了，导弹处于第一优先位置。

1965 年 1 月，极度困难暂时过去，周恩来批示科学院继续提出卫星的具体方案。581 工程被更名为“651”工程。中国的航天先驱们，制定了时间表，要在 1970—1971 年发射中国第一颗人造地球卫星。

1968 年，“东风-4”导弹研制成功，钱学森建议在“东风-4”的基础上，加装固体推进的第三级火箭，也就是“长征”1 号运载火箭。此时，中国逐步形成了“东风”系列导弹、“和平”系列探空火箭和“长征”系列运载火箭。

1970 年 4 月 24 日，中国航天专家在排除各种政治运动干扰和挫折的情况下，“长征”1 号运载火箭搭载“东方红”1 号卫星，发射升空……

中国成为世界上第五个发射人造卫星的国家，迈向了航天之路。

至此，中国完成了“两弹一星”计划。

中国人，在 1949 年毛泽东宣称的“中国人民站起来了”的誓言下，在“两弹一星”的保障下，真的稳定地站起来了。

与此同时，中国和苏联、中国和美国等多方力量对比，最终发生了翻天覆地的变化。

第五节 “神舟”载人航天

在今天这样一个热闹非凡的太空时代，如果一个拥有13亿人口、发明了火药和火箭的文明古国，没有载人航天能力，就会很尴尬。幸而经过中国航天人的不懈努力，我们独立拥有了这样难得的载人航天能力。虽然这能力还没融入国际航天合作，但还是会产生很大影响。比如，美国人可以用“再涨价，我们就用中国的飞船”这样一句简单的话，就让俄罗斯无法坐地起价。

1992年1月8日，中央专委会召开第5次会议，专门研究发展我国载人航天问题。这次会议认为，“从政治、经济、科技、军事等诸多方面考虑，立即发展我国载人航天是必要的。我国发展载人航天，要从载人飞船起步。”

今天的载人航天计划正式起始于这一天。依照惯例，中国的载人航天工程，也被叫做“921”工程，因为工程源于1992年1月。

当然，这次会议作出中国载人航天决定时，距离苏联第一次载人航天飞行已经过去了31年（注：1961年4月，尤里·加加林乘坐“东方”1号飞船飞上太空），距离美国第一次载人航天飞行已经过去了30年（注：1962年2月，约翰·格伦乘坐“友谊”7号飞上太空）。

貌似中国的决策做得很晚，但其实，在“921”工程之前，中国很早就萌发过几次载人航天的构思。

在中国第一颗人造地球卫星“东方红”1号上天之后，钱学森就提出，中国要搞载人航天。当时将这个项目命名为“714工程”（注：1971年4月提出），并将飞船命名为“曙光”号。后来，由于大家可以想象的政治经济困难而不得不放弃。

再就是20世纪80年代，受美国“航天飞机”这种新型航天器对全世界的迷惑（注：美国人把自己也迷惑了）影响，中国也论证过类似航天飞机、空天飞机的概念。这也是一种载人航天计划。

当年，中国甚至为这个项目，做了行政部门的调整，比如组建“航空航天部”等。当时，航天部门提出的6种航天方案中，有5种都是航天飞机方案。

后来，相关部门在征询已经退居二线的钱学森先生意见时，钱学森加了一行至关重要、影响整个中国载人航天抉择的字：

应将飞船案也报中央

这短短九个字，在航天飞机的主张占压倒性优势的情况下，清楚地表达了钱学森先生的深入思考。

钱学森从国情出发，认为中国当时连大飞机都制造不好，研制航天飞机是极其困难的。而航天飞机是由200多万个零件组成的极其复杂的航天器，非中国当时的技术条件短时间内所能企及，也许会因此付出巨大的代价。

现在，美国航天飞机的挫折历史也证明了这一点。即便在美国人手里，航天飞机都不是一个能稳妥飞行的航天器。航天飞机，这个航天器，实际上出现在了不恰当的时代。钱学森等中国科学家认识到了这一点。

因为这些原因，中国的航天飞机计划没有上马。中国非常幸运地躲过了一次航天史上“代价高昂的战略性错误”（注：2005年，美国宇航局局长格里芬也承认航天飞机和“国际太空站”是“代价高昂的战略性错误”）。

事实最后证明，利用火箭和飞船组合的载人航天方式，是最经济、安全的。

中国航天也因为这次正确的选择，走上了快速发展的道路。

1999年第一次发射至今，经过中国航天人的不懈努力，“神舟”系列飞船进行了7次的发射。

1. “神舟”1号飞船是第一艘实验飞船，飞船于1999年11月20日凌晨6时在酒泉航天发射场发射升空，承担发射任务的是在“长征”2号捆绑式火箭的基础上改进研制的“长征-2F”载人航天火箭。在发射点火10分钟后，船箭分离，并准确进入预定轨道。

飞船入轨后，地面的各测控中心和分布在太平洋、印度洋上的远望号测量船对飞船进行了跟踪测控，同时，还对飞船内的生命保障系统、姿态控制系统等进行了测试。

北京时间11月21日凌晨3时，地面指挥中心向飞船发出返回指令，“神舟”1号飞船于北京时间11月21日15点41分顺利降落在内蒙古中部地区的着陆场，飞船在太空中共飞行了21个小时。

这是中国载人航天工程的首次飞行试验。标志着“921工程”正式在世人面前亮相。

2. “神舟”2号飞船是中国发射的第二艘实验飞船，它也是中国第一艘正样无人航天飞船，飞船的技术状态与载人飞船基本一致，由推进舱、返回舱、轨道舱三部分组成。

“神舟”2号飞船于北京时间2001年1月10日9时0分在酒泉航天发射中心发射升空，顺利进入预定轨道。飞船飞行期间，各种试验仪器设备性能稳定，工作正常，采集了大量宝贵的飞行试验数据。此次飞行，还首次在飞船上进行了微重力环境下的空间生命科学、空间材料、空间天文和物理等多领域的科学实验。

1月16日19时22分，“神舟”2号飞船在内蒙古中部的主着陆场着陆。飞船在太空中运行了近七天，绕地球飞行了117圈。此次飞行出了一些小故障。

3. “神舟”3号飞船是中国发射的第三艘无人实验飞船，这也是一艘正样无人飞船，飞船上除了没搭载航天员之外，其技术状态与载人状态完全一致。飞船由推进舱、返回舱和轨道舱组成。飞船是在北京时间2002年3月25日22时15分，在酒泉卫星发射中心成功发射升空的。

飞船上搭载了一个模拟宇航员，该装置可以模拟人体代谢、模拟人生理信号、能够定量模拟航天员在太空中的重要生理活动参数。此外，“神舟”3号上还搭载有多个实验装置以及植物的种子等。

2002年4月1日，“神舟”3号在太空绕地球飞行107圈后，准确降落在内蒙古中部的着陆场。

4. “神舟”4号载人飞船是“神舟”号系列飞船之一，是中国第三艘正样无人飞船，除了没有搭载人以外，其技术状态与载人飞船完全一样。飞船由推进舱、返回舱、轨道舱和附加段组成。总长约7.4米，最大直径2.8米，总质量7 794千克。“神舟”4号飞船是在前三艘飞船的基础上，进一步改进和完善，并完全按照载人航天的要求进行设计制造的，飞船的返回舱内增加了两个座椅，坐着两个模拟航天员。航天员工作、生活、医护所需物品，包括睡袋、压力服、太空食品以及着陆后遇到意外情况所需的各种救生物品一应俱全。

飞船于北京时间2002年12月30日0时40分在酒泉航天发射场由“长征-2F”火箭发射升空，按预定计划在太空飞行了6天零18小时，飞船在环绕地球飞行了108圈后，于北京时间2003年1月5日19时16分，准确降落在内蒙古中部地区的着陆场。

5. “神舟”5号是中国首次发射的载人航天飞行器，于2003年10月15日将航天员杨利伟送入太空。这次的成功发射标志着中国成为继苏联(现由俄罗斯承继)和美国之后，第三个有能力独自将人送上太空的国家。这个大家都了解得比较多。

6. “神舟”6号与“神舟”5号在外形上没有差别，仍为推进舱、返回舱、轨道舱的三舱结构，质量基本保持在8吨左右，用“长征-2F”运载火箭进行发射。它是中国第二艘搭载太空人的飞船，也是中国第一艘执行“多人多天”任务的载人飞船。

7. “神舟”7号飞船是中国第三个载人航天器，于北京时间2008年9月25日由“长征-2F”火箭发射升空。“神舟”7号上载有三名宇航员，分别为翟志刚、刘伯明和景海鹏。

北京时间2008年9月27日16点30分，景海鹏留守返回舱，另外两人分别穿着中国制造的“飞天”舱外航天服和俄罗斯制造的“海鹰”舱外航天服，进入“神舟”7号载人飞船兼任气闸舱的轨道舱。翟志刚出舱作业，刘伯明在轨道舱内协助，实现了中国历史上第一次的太空漫步，使中国成为第三个有能力把太空人送上太空并进行太空漫步的国家。

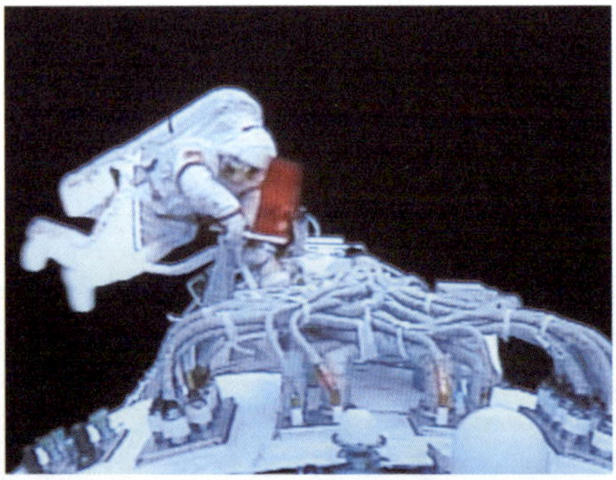

神七翟志刚

8. 2011 年 11 月，中国发射“神舟”8号无人飞船，和之前升空的“天宫”1号演练了太空交会对接技术。而“神舟”9号和“神舟”10号预计将继续演练无人或载人的对接，并可能实现搭载女航天员。

中国航天“神舟”飞船（模型）

中国空间实验室设想图

根据我国载人航天“三步走”的发展战略（即第一步：载人飞船阶段；第二步：空间实验室阶段；第三步：太空站建设阶段），我国在突破出舱活动技术之后，也就是完成“神舟”7号任务之后，将要突破载人航天飞船和空间飞行器的交汇、对接技术，然后再研制、发射空间实验室，解决有一定规模的短期有人照料的空间应用问题。初步规划在2020年左右建成载人太空站，解决有较大规模的长期有人照料的空间应用问题。

在我们实现载人航天“三步走”战略目标之后，中国航天将走向星际空间更遥远的地方。我们将综合分析国际载人航天发展大趋势，结合我国的实际情况，进行下一步的航天发展计划，其中，载人登月应该是极具挑战性的领域，也是中国载人航天面临的一个战略性的高科技领域。

以成功的载人航天为代表的中国航天，慢慢地已不仅仅是一个军事工业领域的成功典范，而且是整个中国崛起的象征。

第六节　中国向更深的宇宙进军

进入20世纪90年代，中国在改革开放之后，以经济建设为中心，经济快速发展，再也不似50、60、70年代那样在资金上捉襟见肘。中国开始有资金、有能力开展更多的航天活动，“921”载人航天工程上马。中国的一部分科学家，比如研究天体化学的欧阳自远院士，也开始呼吁开展月球探测。

月球探测

1992 年，有中国科学家设想在 1997 年香港回归时，往月球发射一枚“金属”。后来，因为这种做法虽然能做到，但毫无科学意义而被废止。

月球探测

欧阳自远院士回忆说，我国真正意义上的探月构想是在1994年提出的，此后的10年主要是进行论证的过程，而且是“那种反反复复的论证”。“首先一步，我们要论证开展探月有没有必要？是否可行？第二步，上月球干什么？做哪几件事情？于是我们制定了探月20年大规划，也就是现在国家航天局局长栾恩杰总结的‘绕、落、回’三个阶段。而科学目标是否符合国际发展潮流，是否紧密结合我国的实际，这都需要进行科学且复杂的论证过程。”

中国探月第二步将发射“月球车”

2000年11月22日，中国政府首次公布航天白皮书——《中国的航天》，明确了近期的发展目标中包括“开展以月球探测为主的深空探测的预先研究”。

中国探月第三步将发射月球自动取样返回航天器

2007年10月24日18时05分，中国终于发射了第一个探月卫星“嫦娥”1号。此次探测非常成功，拉开了中国迈向深空探测的第一步。

随后，2010年10月1日，中国又发射了第二个探月卫星“嫦娥”2号，再次取得了丰硕的成果。

预计2013年，中国将发射“嫦娥”3号月球软着陆器，并携带一个“月球车”，进行首次月球软着陆和自动巡视勘测。

预计2017年，中国还将发射“嫦

嫦娥探月工程绘图（作者刘蔚）

娥”4号月球软着陆器，进行首次月球样品自动取样并返回地球，在地球上对取样进行分析研究。

火星探测

在嫦娥一期探月取得成功的同时，科学家们又开始呼吁进行更富挑战性的火星探测和小行星探测，跟上目前国际上风起云涌的深空探测。

2011年，中国和俄罗斯联合探测火星，发射了“福布斯—土壤”火星探测器（包含中国的“萤火”1号火星探测器），但由于诸多原因，俄罗斯方面入轨失败。

目前，中国正准备独立的火星探测研究论证工作。

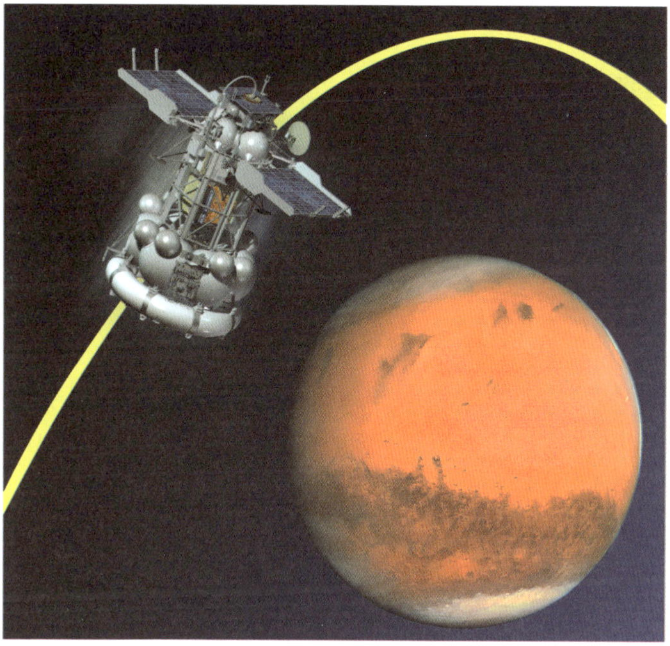

中国参与的俄罗斯“福布斯—土壤”火星探测器

龚钴尔曰：生于忧患，死于安乐。中国航天从无到有，历经艰辛，取得了世界瞩目的巨大成就，证明了当代中国人具有非凡的智慧和想象，值得每一个中国人骄傲。然而，下一步如何改革航天体制、集聚航天力量，是中国人必须要认真思考的。

接受苏联航天的教训，不唯纪录，不故作保密，不蹈其覆辙，努力将中国航天的技术进步和国民经济结合；借鉴美国航天的胆略与细腻，大步开拓，勇于挑战，时刻反省，建立统一的航天领导机构，寄托民众希冀，将所有航天成果，主动与民分享；学习日本，将航天元素植入人文梦想层面，普及科学知识，用最有趣、最有效的方式，引导青少年投身航天事业、思考生命与宇宙，促进中国航天事业的全面发展。

第九章 钱学森列传

从中国航天本纪中，我们已经可以隐约感受钱学森是中国航天事业中极其重要的人物。那么钱学森究竟有什么样的地位呢？笔者认为，钱学森是媲美美国冯·布劳恩、苏联科罗廖夫的世界级的航天关键人物。

钱学森，浙江杭州人，中国空气动力学家，中国科学院、中国工程院院士，中国两弹一星功勋奖章获得者之一。曾任美国麻省理工学院教授、加州理工学院教授，为中美两国的导弹和航天计划都曾作出过重大贡献。被誉为“中国航天之父”和“火箭之王”。

钱学森参与创办美国宇航局喷气推进实验室。喷气推进实验室早期进行的是推进研究，这是它研制的第一架喷气推进飞机

他生于1911年12月11日，出生于吴越钱氏家族，父亲钱家治。这个家族在近现代出了很多名人。钱穆、钱复、钱基博、钱钟书、钱崇澍、钱家治、钱学森、钱玄同、钱三强、钱伟长、钱学渠、钱永健、钱思亮、钱家骏、钱其琛……都是这个家族的人，他们为中国现代化、文明化，作出了巨大的贡献。

钱学森一路所就读的小学、初中、高中、大学、硕士、博士以及工作单位，皆是中国或世界数一数二的学校和科研机构。足见其聪慧，非一般人。

1935年9月，钱学森等20名庚款留美公费生，从上海搭乘“杰克逊总统”号轮船，赴美国西雅图。

1936年获得美国麻省理工学院硕士学位后，他到加州理工学院，师从空气动力学权威西奥多·冯·卡门教授。

在美国，钱学森很快展现了其非凡的才华，成为当时美国航空航天领域的权威专家。他和冯·卡门一手创办了日后扬名世界、探索整个太阳系的美国宇航局喷气推进试验室。

1945年，更是作为航空航天专家，和冯·卡门一起，代表美国，赴德国审问20世纪航天事业开拓者、纳粹火箭专家冯·布劳恩。20世纪，三大“火箭之王”中的两位，聚首德国，真是罕见的事情。

1949年前后，中共和国民党，都争取钱学森先生归国，当然，一个是希望他回大陆，一个是希望他去台湾。钱学森选择了回归大陆。

当然，他的这个倾向，受到了美国政府的关注。

美国极力阻止钱学森返回中国。台湾方面也通过换发新护照，终止了很多留美学生回大陆的原始护照，希望通过此举逼迫他们回台湾。钱学森一一通过智慧予以应对。

现在，流传甚广对钱学森先生的龃龉，就是他归国前为什么申请美国绿卡，这其实正是他为了规避国民党当局的换发护照之举。绿卡，并不是美国国籍。钱学森如果真想加入美国国籍，他早就加入了，但他没有这么选择，甚至他的工资都拒绝买美国的社保保险，因为他心里早有决定，那就是要回中国大陆。

面对如此决心，美国政府威逼利诱，最后将他投到了监狱。用美国国防部海军次长金贝尔的话说，“他抵得上五个海军陆战师”。这些事情，熟悉钱学森经历的人，都知道，笔者不赘言。

1955年，通过中国政府极富智慧的政治、外交操作，美国不得不释放钱学森，并同意他回国。中国航天因此获得了巨大的、本属于中国的头脑财富。

归国后的钱学森，全力投入到中国的导弹研制事业。在薄弱的中国工业基础之上，用很短的时间使中国研制出了很多先进的导弹，建设了多个系列的火箭，树立了“两弹一星”的丰碑，夯实了中国的国防基础。

1970年，又领导中国航天实现了中国第一颗人造地球卫星的研制和发射，为中国航天事业开创了新的局面。

20世纪80年代，退居二线的钱学森，继续支持中国的载人航天事业，参与了重大的、正确的航天决策，使中国航天避免走上航天飞机的不归路，反而快速地发展了以飞船为导向的载人航天。

2003年，他见证了中国第一位航天员杨利伟飞上太空。2007年，又见证了中国第一颗月球探测卫星的发射……见证了中国航天事业由大到强的过程。

2009年10月，钱学森先生因病逝世，享年98岁。

钱学森于中国，就像科罗廖夫于苏联、冯·布劳恩于德国、美国一样，不可或缺。其传奇般的人生，轰轰烈烈，福寿齐天。

第十章

日本航天本纪

作为一个具有极强自省精神的、工业基础雄厚细腻的国家——日本，也是现在的一个航天的大国，是中国最强劲的航天对手。

和中国几乎同时，日本航天计划始于1955年。首先在东京大学工业科学研究所开始研制探空火箭。1964年，东京大学成立了日本宇宙与航空科学研究所，1981年改称日本宇航科学研究所。1966—1969年期间，该研究所尝试发射日本第一颗卫星，但经历了4次失败。

随后，1969年10月1日，日本成立了日本国家宇宙开发事业团(National Space Development Agency of Japan，简称NASDA)。从此国家宇宙开发事业团开始成为日本开发太空能力的主导机构。

同时，日本积极与美国合作，与美国签订了一份协议。该协议允许美国向日本转让不含保密技术的运载火箭。但美国禁止日本再出口火箭技术。

1970年2月，日本成功发射了日本的第一颗人造地球卫星“大隅”号(Ohsumi)，抢先中国两个月，进入人造地球卫星俱乐部，成为全球第四个发射人造地球卫星的国家。

同年，日本国家宇宙开发事业团开始研制N-1运载火箭。

N-1运载火箭是麦克唐纳·道格拉斯公司研制的德尔他火箭的升级版。美国公司提供技术援助，发放产品许可证，或是直接提供运载火箭上的几乎所有硬件产品。

因此，20世纪70年代，日本在提高其航天能力方面，大量依靠美国。

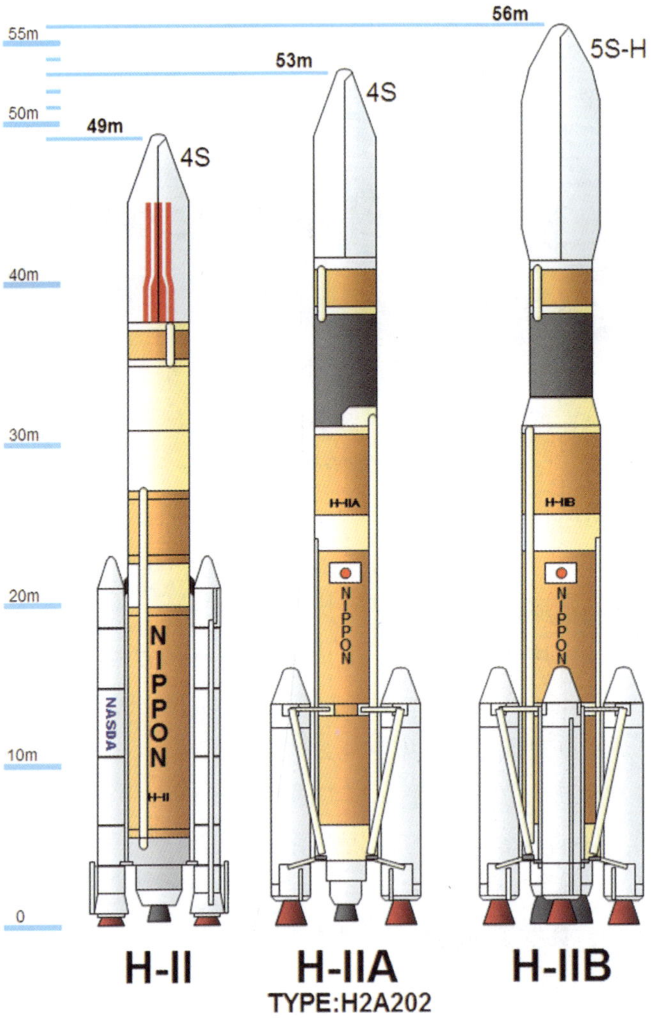

日本航天 H–II 系列火箭

20 世纪 80 年代，这种情况开始有所转变。日本开始增强自主开发能力。1990—2003 年，日本自主研制了 H–2、H–2A 火箭、“国际太空站”日本试验舱，且启动了日本侦察卫星计划。

虽然，日本在载人航天方面，没有独立的技术能力，但是依靠美国的航天飞机，日本也诞生了自己的宇航员。2003 年 10 月 1 日，日本再次组合国内航天机构，成立了“日本航空研究开发机构”（Japan Aerospace Exploration Agency，简称 JAXA。注：日本没有“航天”一词）

日本宇宙航空研究开发机构

此外，日本在深空探测方面，成就颇引人注意。新成立的日本航空研究开发机构野心勃勃。

2005 年 1 月，日本公布了其未来 20 年的太空开发远景规划草案，主要规划就是建立月球基地、通过国际合作开展载人航天活动以及建设作为小行星探测中转站的空港等。

2003 年 5 月 9 日，日本用 MV 运载火箭成功发射的小行星取样航天器——“隼鸟”号。其探测目标是丝川小行星。它在升空后，即在地面指挥控制中心的遥控下，沿着外切地球公转轨道、内切丝川小行星公转轨道的预定路线疾驰而去，并于 2005 年 9 月初与目标天体交会，最终于 9 月 12 日飞抵离丝川小行星 20 千米的预设位置，成为丝川小行星的人造卫星。

日本隼鸟号是日本宇宙航空研究开发机构的小行星探测计划。这项计划的主要目的是将隼鸟号探测器送往小行星 25143（又名“丝川”），采集小行星样本并将采集到的样本送回地球。

2010 年 6 月 13 日“隼鸟”号小行星探测器深夜降落澳大利亚，取得了人类第一份小行星物质，世界为之震惊。

其实早在 1991 年，日本的“月球-A”探月计划就已启动。该计划雄心勃勃，“月球-A”探测器携带两个穿透式着陆器升空。在接近月球后，“月球-A”将着陆器发射出去，撞入月球内部，以便分析月球内部构造等。“月球-A”探测器的开发任务在1996年结束，而着陆器的研制工作却陷入困境。如何让着陆器经受住撞击月球表面时的剧烈冲击，长期没能得到解决。

2007年9月14日，日本探月卫星“月亮女神”号发射升空，主要任务是观测月球表面地形等。日本研究人员称，这是日本2025年建立载人太空站的第一步。这是日本又一次在航天关键节点上，领先中国两个月。

2010年5月21日，雄心勃勃的日本，发射了首个金星探测器“拂晓”号。这是日本发射的第一个金星探测器，同时还试验了具有先进概念的太阳帆。

日本希望通过“拂晓”号了解金星的大气结构，揭开硫酸云层的具体成分、速度100千米/秒的暴风的成因等谜团。不过，该金星探测器最后失踪。

日本还积极参与美国航天和欧洲航天的多项航天计划，承担一些航天

日本的金星探测器“拂晓”号（Planet-C）

日本的金星探测器“拂晓”（Planet-C）号

任务。比如，费米伽玛射线太空望远镜计划、宇宙学与天体物理空间红外望远镜（Space Infra-Red Telescope for Cosmology and Astrophysics）、红外线太空天文台等。

总之，日本航天发展迅速，雄心勃勃，其多项硬件技术领先中国。此外，日本航天在人文领域的融入，也令人佩服。比如，日本强大的动漫产业中就有大量航天、天文元素的植入，比如《太空堡垒》《银河铁道之夜》《宇宙骑士》《超时空要塞》《超时空骑团》《机甲创世纪》等大量航天题材动漫……这些具有航天元素的新时代传奇，正如当年凡尔纳、威尔斯的科幻小说一样，必将深刻影响日本民族对航天、对外太空的影响，引导很多人投身极富魅力的航天事业。

日本是目前世界上不可小觑的航天强国。

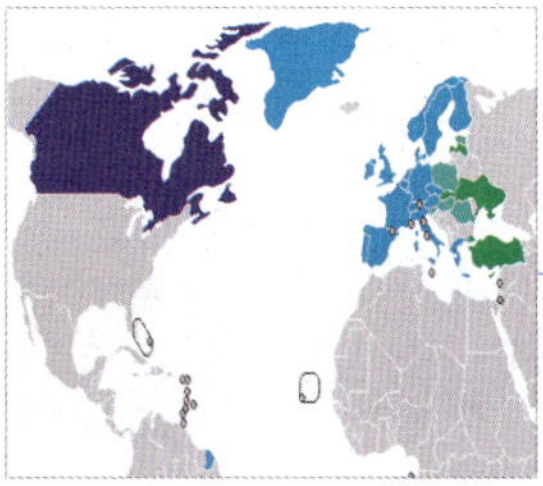

第十一章

欧洲航天本纪

除了美国、苏联、日本、中国，欧洲的航天力量也很强大。欧洲航天以欧洲航天局为组织，多次组织了具有重要意义的航天发射。

欧洲航天局（ESA）是一个欧洲数国政府间的空间探测和开发组织，总部设在法国首都巴黎。ESA 共有约 1 700 名工作人员。它的前身——欧洲航天研究组织（European Space Research Organization，ESRO）于 1964 年 3 月 20 日建立。如今，它仍旧是欧洲航天局的一部分，称为欧洲空间研究与技术中心（European Space Research and Technology Centre，ESTEC），位于荷兰的诺德韦克。

欧洲航天局

欧洲航天局目前共有 18 个成员国：奥地利、比利时、捷克、丹麦、芬兰、法国、德国、希腊、爱尔兰、意大利、卢森堡、荷兰、挪威、葡萄牙、西班牙、瑞典、瑞士以及英国；另外，加拿大是 ESA 的附属成员（Associate Member）。法国是其主要贡献者。目前，ESA 与欧盟没有关系。欧盟辖下另有欧盟卫星中心（European Union Satellite Centre）。

欧洲航天局，也开展了很多雄心勃勃的航天计划。比如，“伽利略”卫星定位系统（Galileo positioning system）、“火星快车”号（Mars Express）火星探测器、“罗塞塔”号彗星探测器、“哥伦布”实验舱（Columbus orbital facility，它是“国际太空站”的一个科学实验室）、自动

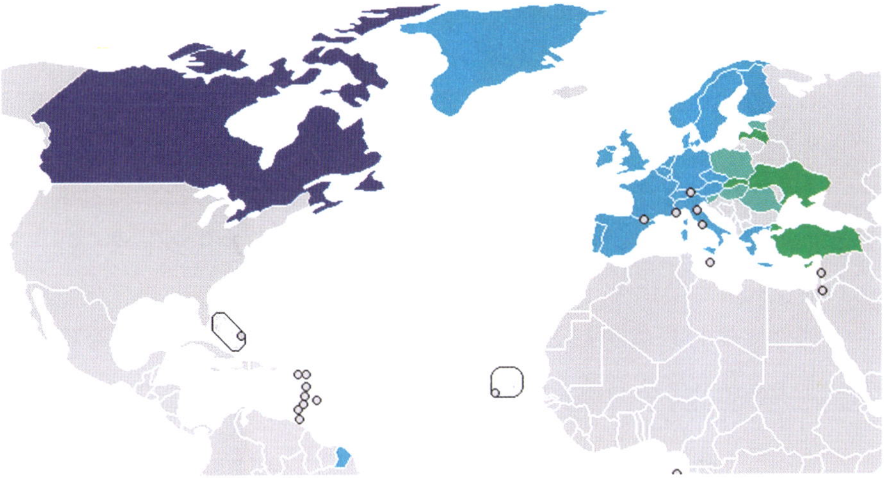

欧洲航天局成员国示意图

运载飞船（Automated Transfer vehicle），一种可与“国际太空站”对接的货运飞船、“灵巧”1号（Smart）月球探测器、“金星快车”号金星探测卫星……可谓名目繁多。

此外，欧洲航天局还独立或积极与美国航天机构合作，参与了“哈勃”太空望远镜、“尤利西斯”号太阳探测器、“卡西尼—惠更斯”号土星探测器、“韦伯”太空望远镜等航天计划、费米伽玛射线太空望远镜、红外线太空天文台、XMM-牛顿卫星、普朗克巡天者、赫歇尔太空天文台、费米伽玛射线空间望远镜等。

“Smart”1号月球探测器

欧洲航天局下属

国家众多，且松散，航天机构注定分散。但是欧洲航天局借助地缘优势，各国联系能力较强的优点，一直与美俄关系良好，堪称左右逢源的典范。并没有因分散而不振，它有自己的航天中心、运载火箭和发射场等一套完整的体系，航天成就卓著。

它与美国合作开展过很多大型航天计划的合作，也多次借助过俄罗斯可靠的火箭发射自己的航天器，还与印度航天合作，协作面非常广泛。擅长协作已经是它的优势。

此外，因为花着不同国家的钱，它的资金使用公开、信息与资源公开、非军事化程度相当高，各种航天计划也相当务实有效，所以堪称人类航天机构的又一个典范。

第十二章

他国航天本纪

除了美国、苏联、日本、欧洲、中国等传统航天大国或航天联合组织，印度这个即将成为世界第一人口大国的文明古国，这几年航天动作频频。

印度航天事业是在苏联的技术援助下建立起来的。印度的航天机构“印度空间研究组织”有 1.68 万人，具备制造和发射运载火箭、人造卫星、地面控制与回收等技术，建成了较为完善的航天研发体系。

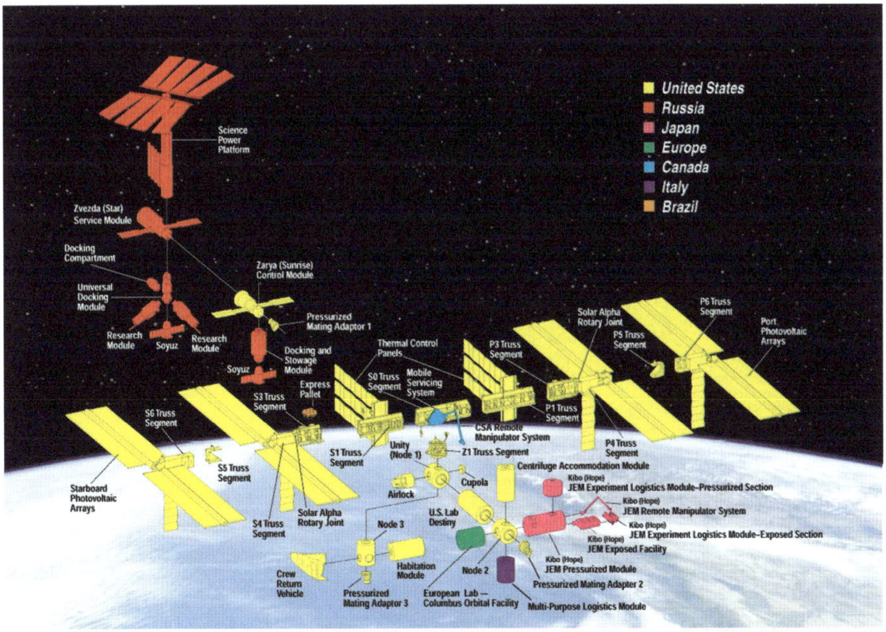

国际太空站参与国家贡献图

1963 年，印度在顿巴建成了第一个火箭发射台，发射了第一枚探空火箭。

1975 年 4 月 19 日，印度第一颗自制卫星从苏联的火箭发射场发射成功。

1980 年 7 月 18 日，印度第一次用自制的运载火箭从本国的发射场发射卫星成功，成为世界上第六个具有独立卫星发射能力的国家。

2007 年 10 月 22 日，印度用一枚极地卫星运载火箭将印度首个月球探测器“月船”1 号发射升空，探月也比较成功。

除了印度，巴西、加拿大、伊朗、朝鲜、韩国等国家，也都已迈入或正在迈入航天俱乐部，成为世界航天的重要力量。

正如人类航天奠基人齐奥尔科夫斯基所言：“地球是人类的摇篮，然而人类不应总是生活在摇篮中，他们将会不断争取新的生存空间与世界，起初是小心翼翼地飞出地球大气层，然后将探索整个太阳系。”

寻找人类下一个家园

参考文献

[1] 鲁迅. 鲁迅小说名篇，长春：时代文艺出版社，2003.
[2] 龚钴尔. 别闹了，美国宇航局. 上海：上海锦绣文章出版社，2008.
[3] 约瑟夫·A·安吉落. 太空先锋：火箭. 郎淑华，译. 上海：上海科学技术文献出版社，2009.
[4] T·A· 彭本海默. 倒计时. 朱卫国，向小丽，译. 上海：上海世纪出版集团，2006.
[5] 李成智，李建华. 阿波罗登月计划研究. 北京：北京航空航天大学出版社，2010.
[6] 叶永烈. 钱学森. 上海：上海交通大学出版社，2010.
[7] 国防科工委月球探测工程中心. 中国探月. 北京：科学出版社，2007.
[8] 中国航天科技集团五院五一二所. 美国、欧洲航天政策（译文集）. 2004.
[9] 庞之浩. 国际太空（合订本）. 中国航天科技集团五院五一二所，2006–2011.
[10] 比尔·布莱森. 万物简史. 北京：接力出版社，2005.
[11] 卡尔·萨根. 宇宙. 长春：吉林人民出版社，1998.
[12] 弗拉基米尔·谢尔盖耶维奇·谢拉苗尼科夫. 太空对接故事. 方吉士，冯蕊，译，上海：上海科学技术出版社，2011.
[13] 黄莺、崔淑霞. 重振雄风：俄罗斯新世纪太空战略揭秘. 北京：国防工业出版社，2008.
[14] 宋晗. 神舟：载人航天的故事. 北京：科学普及出版社，2003.
[15] 詹姆士·威尔逊. 官僚机构：政府机构的作为及其原因. 孙艳，译，北京：生活读书新知三联书店，2006.
[16] 庞之浩. 登天巴士，宇宙城堡，太空之舟. 南昌：江西高校出版社，2005.
[17] 李杰信. 追寻蓝色星球——李杰信的太空梦. 北京：航空工业出版社，2000.
[18] 李杰信. 我们是火星人. 北京：科学普及出版社，2003.
[19] 时间档案编委会. 月之暗面：人类首次登月图文全记录. 北京：地震出版社，2006.
[20] 第三机械工业部科学技术情报研究所. 美国 NASA 专题资料. 一，NASA 的组织体制与计划管理. 1981.

［21］The Birth of NASA：The Diary of T. Keith Glennan，T. KEITH GLENNAN，Washington，DC：U. S. Government Printing Office， NASA SP-4105， 1993.
［22］Astronaut Fact Book，National Aeronautics and Space Administration，2005.
［23］NASA historical data book，Washington， DC：Scientific and Technical Information Division， National Aeronautics and Space Administration，1988.
［24］网站：www. nasa. gov（美国宇航局 National Aeronautics and Space Administration）
［25］网站：www. federalspace. ru（俄罗斯联邦航天局 Russian Federal Space Agency）
［26］网站：www. esa. int（欧洲航天局 European Space Agency ）
［27］网站：www. jaxa. jp（日本航空研究开发机构 Japan Aerospace Exploration Agency）
［28］网站：www. isro. org（印度空间研究组织 Indian Space Research Organisation）

另外，本书还参考了国内外大量报刊发表的分析文章和航天报道以及一些非公开出版的航天文章，在此一并致谢！